中国电建集团中南勘测设计研究院有限公司技术专著

深水复杂地层成孔及锚固技术创新与实践

SHENSHUI FUZA DICENG CHENGKONG JI MAOGU JISHU CHUANGXIN YU SHIJIAN

潘江洋　刘良平　王少华　胡郁乐　等著

图书在版编目(CIP)数据

深水复杂地层成孔及锚固技术创新与实践/潘江洋等著. —武汉:中国地质大学出版社,2024.12. —ISBN 978-7-5625-6082-1

Ⅰ.P634.2;TV223.3

中国国家版本馆CIP数据核字第2024J1C666号

深水复杂地层成孔及锚固技术创新与实践	潘江洋	刘良平	王少华	胡郁乐 等著

责任编辑:杨 念　　　　选题策划:徐蕾蕾　　　　责任校对:徐蕾蕾

出版发行:中国地质大学出版社(武汉市洪山区鲁磨路388号)　　邮编:430074
电　　话:(027)67883511　　传　　真:(027)67883580　　E-mail:cbb@cug.edu.cn
经　　销:全国新华书店　　　　　　　　　　　　　　　　　　http://cugp.cug.edu.cn

开本:787mm×1092mm　1/16　　　　　　　字数:325千字　　印张:13
版次:2024年12月第1版　　　　　　　　　印次:2024年12月第1次印刷
印刷:武汉中远印务有限公司

ISBN 978-7-5625-6082-1　　　　　　　　　　　　　　　　　　定价:118.00元

如有印装质量问题请与印刷厂联系调换

科技成果出版指导委员会

主　　任：冯树荣
副 主 任：胡大可　熊文清
委　　员：彭忠献　周　乐　程正龙　张宗刚　戴向荣　肖　武

《深水复杂地层成孔及锚固技术创新与实践》
编撰人员

潘江洋　刘良平　王少华　胡郁乐　阳　超
李永丰　孙平贺　张金龙　左国青　李代富
印　符　李　智　黄膺瀚　谭书豪

编撰单位

中国电建集团中南勘测设计研究院有限公司

中国地质大学（武汉）

中南大学

五凌电力有限公司

序

三板溪水电站低温水治理试验工程作为中华人民共和国生态环境部重点关注的项目，创新采用了柔性隔水幕墙阻水技术，将水库下部低温水阻挡住，让上部表层水通过，从而达到提高下泄水温度的目的。柔性隔水幕墙面积达 6.8 万 m^2，缝合在幕墙上的纵索与水下地锚连接，承担隔水幕墙荷载。水下地锚布置在坝前一定距离的水库原始地形上，河床中部水深达 160m，覆盖层较厚。两岸岸坡较陡，水下最大坡度达到 60°。

项目设计了一种新型的地锚结构，采用组合式深水钻探平台、复杂地层条件多重管跟管钻进工艺、隔水套管升沉补偿、深水域陡坡开孔、水下锚索注浆质量无损检测等技术，顺利地完成了水下地锚施工，验收质量优良，受到中华人民共和国生态环境部的表扬和肯定。项目成果展示了我国水利水电行业钻探和水下锚固最新技术进展，对推动行业科技进步具有重要意义。

深水域复杂地层成孔及锚固技术创新与实践，是水下锚固施工的一次大胆创新。该创新成果体现了工程技术创新与实践的深度融合和多学科交叉，涵盖了工程设计、装备制造、工艺技术、机器人应用等多方面技术，发挥了地质钻探、水上勘探、水下复杂地层钻进及水利水电钻探和锚索施工等方面的技术优势，在大型设备无法使用和资金受限的条件下，项目组快速、高效、环保地完成了水下地锚施工，是深水地锚的成功实践和探索。

本书依托三板溪水电站低温水治理工程实践，系统介绍了深水区域复杂地层的钻探技术和锚固技术，对深水域复杂地层成孔及锚固关键技术进行了系统总结。深水地锚的成功经验为未来类似工程施工积累了宝贵的经验，为水下钻探尤其是内河深水钻探和锚固工程应用开辟了新思路，具有较强的指导性和可操作性，可为从事水利水电钻探研究和锚固施工的同行们提供借鉴和参考。希望项目组成员继续努力，创新思维，攻坚克难，为我国深水钻探锚固技术走向世界前列作出新的更大贡献，期待该著作早日与读者见面。

中国工程院院士
2024 年 11 月

前 言

随着社会的发展与进步，人与自然共生、共荣、共同发展的绿色发展理念逐步深入人心。高库大坝低温水对河流生态的影响开始引起人们的高度关注和全面重视。作为低温水治理技术重要技术路线的柔性隔水幕墙低温水治理技术在广大科研工作者的共同努力下，终于取得了突破，并成功应用于三板溪水电站。该技术采用深水地锚将柔性幕墙固定在水库库底形成隔水幕墙用于水库低温水治理，柔性幕墙深水地锚锚固技术是决定其成败的关键技术之一。

本书以深水水库复杂地层锚固关键技术研究探索与实践应用为基础，系统总结了深水区域复杂地层的钻探技术和锚固技术。从"深水地锚结构设计→深水地锚施工→深水地锚质量检测"3个维度构建了深水水库复杂地层锚固技术体系，创立了水库深水域浮式平台复杂地层钻进工法，提出了基于传统锚索结构和缆绳结构的新型水下地锚结构与水下锚索施工技术，解决了水库水位大变幅可变荷载、斜拉受力、能适应水库河床地形的深水环境锚固技术等难题。

本书共分为6章。第1章总结了深水复杂地层成孔及锚固和质量检测技术主要成果。第2章归纳了深水水上平台国内外技术研究现状和项目重点研究的特色平台。第3章归纳了深水复杂地层成孔技术。第4章系统归纳了深水锚固技术工艺和材料等。第5章开展了系列深水域陡坡开孔新技术的研究与实践。第6章作为典型案例，全面总结了三板溪水电站低温水治理工程深水地锚的应用效果。

本书由中国电建集团中南勘测设计研究院有限公司、中国地质大学（武汉）、中南大学等单位共同编著完成。主要撰写人员有潘江洋、刘良平、王少华、胡郁乐、阳超、李永丰、孙平贺、张金龙、左国青等，中国地质大学（武汉）研究生李智和谭书豪参与了本书资料的收集工作。本书依托三板溪水电站低温水治理试验工程项目，对深水复杂地层钻探关键技术和锚固新技术进行了深入探索，对深水域水利水电钻探和锚固工程有很好的启示作用，可为未来类似工程施工提供有益借鉴。

书中部分成果的取得得到了项目合作单位国家电投五凌电力有限公司、山东省第三地质矿产勘查院、中国石油大学（华东）、河北锐迅水射流技术开发有限公司、天津立林机械集团有限公司、中地装（无锡）钻探工具有限公司、柳州欧维姆机械股份有限公司、福建省天玉方圆矿业有限公司等支持。同时该书得到了中国工程院院士、中国地质大学（北京）校长孙友宏院士的帮助和指正，在此对各位表示衷心感谢！由于编者水平所限，书中内容不足之处在所难免，诚恳地希望各位读者不吝赐教、批评指正，不胜感谢。

编著者

2024年8月

弱风化岩体下限线以下,套管如何安全穿过覆盖层是一个难题。

常规的覆盖层钻进通常采用锤击跟管、回转掏心下入套管,在深水钻探套管下入水库水体中,四周无约束,长细比大,套管是一个柔杆,锤击很容易使套管折断。掏心时钻杆回转,钻杆对套管撞击拍打严重,使套管晃动,导致钻杆或套管折断。

电站发电时水库下泄流量与上游来水流量不一致,导致回次钻进过程中水库水位不断变化。水位上涨使已下入的套管被提离孔底,导致孔壁裸露坍塌;水位下降带动平台下降致使套管受压弯曲,当弯曲超过一定限度时会使套管折断。

水上钻进平台通常有固定式和移动式两大类。深水锚固采用漂浮式平台较为合适,但漂浮式平台受风力和水流影响,容易发生位置漂移,导致钻孔轴线偏离原设计孔位,产生孔斜,当孔斜过大时无法成孔。

在陆地陡坡处开孔,可以使用风镐等方式预先开凿造窝,再下入钻具钻孔。水下陡坡开孔,特别是深水条件下开孔钻进,由于无法采用陆地陡坡开孔技术预先造窝,钻具很容易沿坡面下滑,无法在预定位置开孔成孔。

锚索通过多股钢绞线在钻孔岩石中注浆后形成锚固段承受拉力。在水下幕墙施工中,锚索需要在水下与纵索完成连接,分散的钢绞线无法与纵索连接。水下锚固结构需承担隔水幕墙纵索可变斜向拉力,现有的锚索结构不能满足隔水幕墙水下锚固要求。

在深水环境中,随着水深的增加,温度降低。水泥浆液固化过程中,析水率增大,凝结时间变长,早期强度上升较慢,同时在动水环境中需要注浆浆液早期强度高,不泌水离析。

陆地锚索无损检测通常采用声波反射法。因为加速度传感器布置在端头,激发能量较小,频率高、衰减快,但波形受到环境等因素影响,测试精度不高,故这种方法在深水地锚注浆质量检测中不适用。

1.2 国内外技术现状

1.2.1 锚固技术国内外研究现状

锚固技术是将一种受拉杆件的一端固定在边坡或地基的土层或岩层中,该受拉杆件的固定端称为锚固端(或锚固段),另一端与建筑物相连,能承受土压力、水压力或内力对建筑物施加的推力,利用地层的锚固力维持建筑物的稳定。

锚固技术最早出现在矿山巷道支护中,1911 年美国 Aberschlesin 的 Friedens 煤矿首次采用锚杆支护矿山巷道顶板,1918 年美国的西利西安矿开采时首次采用锚索支护。1934 年在阿尔及利亚切尔伐斯坝的加高项目中,第一次采用预应力锚杆加高后坝体。1957 年联邦德国鲍尔公司在深基坑中应用了土层锚杆。

20 世纪 60—80 年代,锚固技术发展迅速,应用范围逐步扩大,捷克斯洛伐克的 Lipno 电站主厂房等大型地下洞室采用了高预应力长锚索和低预应力短锚杆相结合的围岩加固方法;英国在普莱姆斯核潜艇综合基地船坞的重建中应用了地锚来抵抗地下水的上浮力;美国纽约世贸中心深开挖工程采用了锚固技术。当时的锚固技术日趋规范化,法国、瑞士、联邦德国、捷克斯洛伐克、澳大利亚先后发布了地层锚杆技术规范。

20世纪50年代后期起，我国开始在矿山巷道中使用锚杆技术。1964年，我国安徽梅山水库开始使用预应力锚杆加固坝基。随后仅10年时间，至20世纪60年代末，锚固技术已在我国的矿山、水电、交通、土木建筑等行业广为应用。应用范围由坚硬稳定岩石发展到松软破碎岩石，由小巷道扩展到大跨度洞室，由静荷环境发展到动荷环境，由基建工程发展到结构补强和工程抢险。近几十年来，由于我国大型水电工程破土动工或相继建成，锚固技术也得到了进一步的发展，如鲁布革、漫湾、小湾、龙羊峡、三峡、龙滩、向家坝、溪洛渡、乌东德等水电工程在地下洞室支护、高边坡加固中大量采用了预应力锚索加固技术。

国内外学者在锚固理论、锚固设计方法和锚固施工技术等方面开展了一系列研究，取得了丰富的成果与认识。锚固技术现已广泛应用于交通、水利水电、采矿冶金、民用和工业建筑等各个工程领域中的洞室围岩支护、边坡锚固、建筑物抗倾覆等方面，由于锚固技术对原岩扰动小、施工速度快，具有良好的经济效益和社会效益，应用前景十分广阔。

1.2.2 水下锚固类型

20世纪50年代以来，随着海洋工程的发展，水下锚固技术蓬勃发展，水下用锚类型众多，主要包括拖曳埋置锚、桩锚、吸力锚、重力锚和板锚，具体介绍如下。

拖曳埋置锚以其抓力与自重之比即抓重比（或抓力系数）表征锚的抓持特性，随着锚重的增加，抓重比会减小。拖曳埋置锚往往只承担水平力，不承担垂向力。因此，与之相连的锚索需要足够的长度，并尽量保证锚索在锚处与海底相切。

桩锚结构上是一根空心桩，其上部装有连接锚索的眼板，既能承受水平载荷，又能抵抗垂向载荷，适用于坚硬底质的地层。桩锚通常采用打桩船先行安装，也可以钻出一个孔，再将桩下入孔内，然后灌注浆液将桩固结住。

吸力锚为上端封闭、下端开口的薄壁筒形钢结构，具有定位准确、造价经济、便于施工、可重复利用等优点，可承担较大的竖向荷载，在深水系泊中应用最为广泛，技术较成熟。吸力锚长度一般为 5～30 m，长径比在 3～6 之间，在砂土、黏土海床中均具有较好的适用性。1981年，吸力锚在北海丹麦 Gorm 油田的悬链线锚泊系统中被使用；1994年，吸力锚首次应用于我国渤海 CFD16-1 油田的延长测试系统中。

重力锚即重块锚，由混凝土块或钢块、碎金属或其他高密度材料制作而成。重力锚承担水平荷载的能力取决于锚与底质相互之间的摩擦力以及锚下底质的剪切强度系数，适用于小型系泊系统。

板锚主要分为拖曳埋置式板锚和直接埋置式板锚两种类型。拖曳埋置式板锚又称为法向承力锚。法向承力锚区别于传统拖锚的主要特征是能够承担竖向的抗拔力，因此在深水张紧与半张紧式锚泊系统中被广泛应用。目前有两种典型的拖曳埋置式板锚，分别是荷兰 Vryhof 公司的 Stevmanta 式板锚以及英国 Bruce 公司的 Denla 式板锚。直接埋置式板锚的主体（锚爪）是一块装有可转动翼板的平板，为使其支撑能力充分发挥，对位置、深度、锚索定位方向等安装精度要求比较高。

水下锚固尤其是深水锚固工程案例相对较少，文献记载吉林市马家泵站工程采用水上钻机在水下（水深2～4 m）施工锚杆，龚嘴水电站消力池整治围堰项目采用潜水员在水下（水深35 m左右）打设锚杆。国内外学者对水下锚杆或锚索施工技术研究不多，尤其是深水锚杆或锚索施工技术基本还处于摸索和探索阶段。

1.2.3 深水锚固钻进技术国内外研究现状

1.2.3.1 海洋深水钻探技术国内外研究现状

1. 浮船式深水钻探技术

深水钻探多采用浮船式平台。海洋深水钻探在石油勘探中应用广泛，需要充分考虑钻探水域的水深、风浪、洋流等因素。国外最早的深水钻探始于20世纪80年代中期，经过30多年的发展，目前浮船式深水钻探技术较为成熟，能适应3000 m水深钻探需求。

深水钻探主要装备特点为：①门式双塔型井架，构造简单且风阻小、自身质量相对较轻，便于甲板空间的合理利用和船舶的稳定性设计；②大通径顶驱装置驱动，结合交流变频技术，回转可以无级调速；③有被动补偿和被动与主动组合补偿多种钻具升沉补偿方式；④钻井参数自动化记录，作业效率和安全性较高。

我国深水工程钻探技术及配套设备起步较晚，但发展速度很快。中国海洋石油总公司于2007年投资建造国内第一艘深水综合勘察船——"海洋石油708"，并于2011年底投入使用。该船能在3000 m水深对海底泥面以下进行钻孔，孔深达600 m。

2. 深水海底钻探技术

近十年来海底工程钻机的研制以及在深水工程勘察中的应用已取得重大突破。第一代海底钻机主要用于浅海、浅钻，功能单一、智能化程度较低。第二代海底钻机可以用于深海、浅钻，智能化程度较高，如英国地质调查局（British Geological Survey，BGS）研制的Rockdrill-2和美国Williamson & Associates开发的BMS-2海底钻机。第三代海底钻机可以适用于更深海域，中深钻、绳索取心、多功能测试和智能操控得到广泛应用，如澳大利亚的PROD，德国的MeBo，美国的A-BMS、ACS和ROVDrill，加拿大的CRD100海底钻机等。第四代海底钻机应用范围更广，以投入大、规模大、钻孔深为主要特征，如Robotic Drilling System AS公司在Autonomous Drillfloor海底钻机的基础上，研发了钻孔深度超过600 m的大型深层海底钻探设备，还开发了一套自动运行软件和水下故障处理系统。

国内从事海底钻机研究的机构主要有湖南科技大学、中国地质大学（武汉）和长沙矿山研究院有限责任公司等。2021年4月7日，我国自主研发的"海牛Ⅱ号"海底大孔深保压取心钻机系统，在南海超2000 m深水中成功下钻231 m，创造了深海海底钻机钻孔深度的世界纪录。

1.2.3.2 内河水上钻探技术国内外研究现状

与海洋钻探技术相比，内河深水钻探技术还处于起步阶段，目前在内河复杂地层的钻孔施工最大水深还未突破60 m。

内河水上钻探平台主要有漂浮式钻探平台和架空式钻探平台。

通常漂浮式钻探平台采用双体船拼接而成,主要适用于流速较缓的河流或湖泊的水上钻探。钻探设备选择原则是在满足钻孔要求的前提下尽量选择设备轻便的,多采用陆地钻探机具。

1.2.4 水下注浆技术国内外研究现状

水下注浆技术是利用泵送设备将浆液材料注入待加固对象的孔洞或裂缝内,浆液将孔洞或裂缝内的水挤压排除直至浆液完全充填,经过一段时间胶结和固化后形成结石体,从而实现防渗、堵漏及加固等目的。水下注浆主要面临以下困难:

(1)水和岩石表面亲合力强,水被紧密地吸附在表面,而浆材一般为疏水性材料,难以突破水层粘贴到岩石上,黏结强度较低。

(2)在水下注浆过程中,浆液容易被水稀释,造成浆材固化,使浆材性能变差。

(3)在动水条件下,浆液易被冲刷带走,难以固化。

水下注浆常用于水下混凝土修补、防渗堵漏、水下地基加固等,而国内外关于水下注浆锚杆或锚索的类似工程不多。

水下锚索注浆技术国内外鲜有相关文献报道,相关学者在水下锚索注浆技术领域研究的也较少。

1.2.5 注浆密实度检测技术国内外研究现状

锚索作为岩体支护最基本的组成部分,广泛应用于支护工程,为确保锚索能够发挥最大锚固力,须对锚索的施工质量进行检测。锚索锚固工程不但具有复杂性,还具有高度的隐蔽性,发现质量问题难,事故处理更难。因此锚索检测工作是整个锚固工程中不可缺少的环节,只有提高锚索检测工作的质量和检测评定结果的可靠性,才能真正地确保锚固工程的质量与安全。

1978年,瑞典的Thume提出用超声波检测砂浆锚杆锚固质量的方法,并研制了Bultmer检测仪。20世纪80年代末,美国矿业局研制了一种顶板锚杆黏结力测定仪,也是根据发射和接收超声波的原理设计的,利用声波快速检测:在锚杆外露的端头,利用超磁震源激发高频高能量声波或手锤敲击,同时接收锚杆体内的反射信息。利用声波在受边界条件约束的一维杆状体内传播的运动学与动力学规律,尤其是对边界条件变化产生的特征反射和杆体内波动能量的外泄(即衰减)特征,进行频谱分析和能量衰减分析,快速检测与分析锚杆长度、锚固状态(一般指灌浆饱满度)。

目前,针对常规锚索锚固质量检测的方法有多种,但与传统的破坏试验法相比,应力波反射法作为一种无损的检测方法在锚索锚固质量检测中得到了广泛应用,并制定了相应的规程规范。

《岩土锚杆(索)技术规程》(CECS 22:2005),对拉拔力测试进行了相关规定。

《岩土锚杆与喷射混凝土支护工程技术规范》(GB 50086—2015)中"14 工程质量检验与

验收",锚杆质量的检查应遵守下列规定:全长黏结型锚杆,应检查砂浆密实度,注浆密实度大于75%方为合格。

《水电工程物探规范》(NB/T 10227—2019)中"6 检测与监测"规定:"6.11.1 检测内容应为全长注浆锚杆长度、注浆饱满度""6.11.2 检测方法应采用声波反射法"。

《锚杆锚固质量无损检测技术规程》(JGJ/T 182—2009)与《水电水利工程锚索施工质量无损检测规程》(DL/T 5820—2021),对锚杆无损检测的采集设备、激发设备、声波反射法进行了详细介绍,并对锚杆(索)锚固质量评定划分了评定标准。

目前,从已有规程规范来看,声波反射法为锚杆(索)无损检测的主要方法,采集波形如图1.1所示,声波反射法锚杆(索)检测波形分类见表1.1。

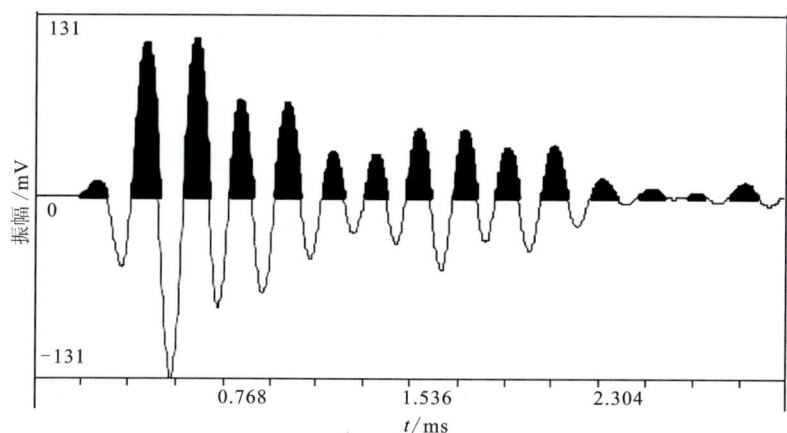

图1.1 声波反射法锚杆(索)检测采集波形示意图

表1.1 声波反射法锚杆(索)检测波形分类

质量分类	波形特征
优	波形规则,只有较微弱的底部反射波或没有底部反射波
良	波形较规则,有底部反射波和局部有较弱的反射波
合格	波形欠规则,有底部反射波和局部有较强的反射波
不合格	波形不规则,底部有较强的反射波或底部反射波提前(锚杆欠长),或有多处较强的反射波

声波反射法广泛应用于常规锚杆检测中,在锚杆锚固质量检测中常在锚杆端头激发应力波信号,并在锚杆端头安装应力波信号接收装置来收集反映锚固体断面变化处位置信息的应力波信号,然后通过分析接收的应力波波形、相位和时程来判断锚杆的长度与缺陷段的位置。

但对于锚索检测,应力波在锚固体内传播过程中会出现不同程度的衰减,尤其是当锚索较长且锚固质量较好时,在锚索端头更难以接收到有效的应力波信号。深水地锚,由于锚固体位于水下100 m甚至更大深度,如160 m的高压环境中,无法采用应力波反射法进行检测,声波反射法不具备可操作性。

深水(水深超过100 m)条件下的锚索施工以及锚固状态评价暂无可靠有效的方法,主要是因为存在以下几个方面的困难:一是深水条件下的钻进及成孔质量难以保证,孔斜的控制以及软弱地层对钻进的影响程度无法预估,孔径不均一,导致包裹锚索的锚固体材料的体积不能准确确定,部分孔段甚至由于垮孔导致锚索体外露,容易锈蚀,严重影响锚索的受力状态;二是深水条件下的外水压力较大,常规注浆工艺难以保证全孔段注浆饱和度满足设计要求;三是深水(水深超过 100 m)条件下的锚索锚固质量无损检测,存在长距离的弹性波传播导致反射信号微弱及识别困难、反映灌浆饱满度的有效信息难以提炼、干扰信号难以消除等问题;锚索体不同于单一的锚杆,观测系统的实施也是难以解决的问题。因此目前针对深水条件下的锚索检测非常困难。

1.3 研究内容及主要成果

1.3.1 研究内容

1.3.1.1 深水条件下复杂地层钻进技术研究

采用双心钻头扩孔、多层套管隔离复杂地层跟管钻进及上部钻具悬吊加压、孔底动力回转钻进工艺,结合套管升沉补偿技术、套管动态测斜技术、陡坡开孔技术和平台高精度定位技术,实现深水复杂地层安全高效钻进。本书的研究内容如下:

1. 覆盖层跟管钻进系统及工艺研究

平台不设回转器,通过地表送钻,钻杆不旋转,孔底动力驱动钻头钻进,跟管时不需要对套管进行锤击。采用双心钻头扩孔、双层套管跟管工艺隔离复杂地层,双心钻头外径比套管内径略小,保证双心钻头能从套管内顺利下入孔底。双心钻头在孔底动力驱动下回转,钻孔成孔直径稍大于套管外径,能保障套管顺利跟进。隔水套管进入覆盖层部分采用外平方式连接,减小了套管的下入和起拔阻力。水上浮式平台在水库中施工时,为适应库水位动态变化,平台井口配备有隔水套管升沉补偿装置夹持套管,水位变化时,补偿油缸会相应伸缩,保障隔水套管与孔底相对静止,防止隔水套管被浮式平台拔出或压弯。

2. 深水复杂地层钻孔高精度定位方法研究

工程目标是要保证水下套管垂直,同时保证孔口始终保持在设计预定孔位。

隔水套管下入和跟管过程中,很难保持铅垂状态,项目组创新采用一种倾斜度测量技术,在隔水套管外壁安装倾斜度测量装置,此装置能沿隔水套管外壁爬行,动态测量隔水套管倾斜度,发现倾斜时采取措施予以纠偏。测量装置能安放在隔水套管泥面以上任意部位进行测量,当需要测量隔水套管倾斜度时,地表控制信号使测量装置上的电磁铁通电吸合,测量装置内弧面与隔水套管的外壁贴合,通过传感器测出隔水套管的倾斜度;当需要移动到其他位置时,将电磁铁断电,则该测量装置可沿隔水套管外壁上下爬行。测量装置上下爬行进行多点连续测量可测出隔水套管的空间形态。

水上漂浮式平台采用一种模块化再通过装配结构,平台四周布置了 4 台绞车,绞车通过钢丝绳与岸坡锚固点连接,再通过收放钢丝绳移动平台,利用 GPS 精确定位,使平台井口对准设计孔位。钻进过程中,测量机器人通过观测平台塔顶上方的棱镜对平台位置实时监测预警。上述措施保证了天车、孔口、孔底在同一条垂直线上,实现了深水钻孔的精准定位。

3. 深水陡坡开孔成套技术研究

深水钻孔作业时,隔水套管和钻杆长细比大,刚度差,周边无约束,遇到倾斜高陡构造岩层,隔水套管或钻具无法在陡坡上站脚,没加压时就在自重作用下顺坡向下滑移,导致无法在预定孔位开孔。针对以上技术难题,项目组发明了高压水射流、爆破聚能弹、桁架等数种深水陡坡开孔方法,实现了深水超60°陡坡硬岩开孔。

高压水射流的深水陡坡开孔装置及方法:通过对深水淹没和背压条件下的水射流理论的研究,结合工程实际,确定高压水射流切割参数以及水下切割系统形式。系统由水面设备和水下机构组成。水面设备包括高压泵、旋转机构、摆动机构等;水下机构包括切割刀头、连接构件。切割刀头与钻杆通过销轴连接并和钻杆轴线保持一定偏心距,偏心距应大于下入套管半径。切割刀头充当开孔造窝的"钻头"。浮式平台上的高压泵通过高压软管给水下切割刀头输送高压水射流,水射流中混合了磨料形成水刀,对预定孔位硬岩喷射进行破岩切割,通过在浮式平台上设置旋转机构和摆动机构,改变切割刀头喷射空间角度,在岩石上形成孔洞,从而实现深水陡坡上的开孔造窝,形成的孔洞直径大于准备下入的套管外径。

爆破聚能弹深水陡坡开孔方法:爆破聚能弹通过爆破在岩壁上形成槽坑达到造窝目的,实现开孔。实施时,通过对钻孔位置区域进行平面和三维扫描,获得钻孔孔位地形资料;然后将爆破聚能弹垂直固定在钻孔所在斜面的一定高度,将爆破聚能弹的凹陷面正对钻孔位置并保持最佳距离;起爆后形成槽坑,完成套管"站脚平台"。

桁架式深水陡坡开孔装置及方法:利用刚度较大的桁架作导向,套管在桁架内受到约束,保证套管不会弯曲。桁架与浮式平台采用铰接连接,能实现桁架和套管沿水平轴旋转,适应不同角度开孔需要。为了保证开孔顺利,采用垂直岩壁的开孔方法。工作时,先测量设计孔位水深和岩壁坡度,计算出桁架垂直岩壁时的长度和在此状态下浮式平台井口与设计孔位的水平投影距离,将平台井口移动至上述位置并固定平台。将桁架水下部分竖直下入水中,牵引桁架水下端至设计孔位并固定。将套管下入桁架内,从套管内下入钻具完成开孔,此时钻孔方向与岩面垂直。如果需要钻孔方向为铅直,可以在完成钻孔造窝后,逐渐把平台孔口往设计孔位水平投影位置靠拢,桁架逐步垂直带动套管和钻具垂直,利用钻头的侧面铣削完成钻孔方向改变,直至钻孔方向垂直。

1.3.1.2 深水地锚研究

水下锚固结构需承担水下结构物挡水荷载,荷载需适应水位及结构物体形变化,荷载变幅较大。同时河床底部地形复杂,锚固结构与地形摩擦切割将影响地锚的使用寿命与安全。根据水下锚固结构受力特点,项目组提出了一种新型深水地锚结构。

新型深水地锚结构包括索体和索节两部分,索体布置于水下地锚钻孔中,索节露出库底地面与锚固体连接。索体由下至上包括锚固段、过渡段和自由段。锚固段嵌入弱风化岩体下限线以下,为地锚结构提供抗拔力,弱风化岩体以上依次为过渡段、自由段。锚固段采用水泥浆将地锚索体下部钢绞线与岩石孔壁黏结在一起,为地锚结构提供抗拉拔力。为增加与水泥浆的黏结力,锚固段为分散的单束钢绞线。过渡段为一段整体挤压钢绞线,整体挤压钢绞线可改善单股钢绞线不均匀受力状况,过渡段也灌注水泥浆。过渡段以上为自由段,自由段也为整体挤压钢绞线,钢绞线外包 PE 保护套,既防水防磨,又方便与上部索节连接,自由段不灌注水泥浆液,钢绞线可在孔壁内自由摆动、伸缩,适应荷载大小和方向的动态变化。索节采用高强合金钢锻制而成,既满足结构连接强度要求,又最大限度减小了构件尺寸,为地锚钻孔、下索施工及后续连接工序提供了最大便利。

1.3.1.3 深水地锚注浆方法及质量检测技术研究

1. 深水基础锚固浆液及注浆方法研究

在低温动水深水环境下,水泥浆液固化过程中,易被动水稀释冲散,温度越低,析水率越高,凝结时间越长,早期强度上升越慢。通过室内试验,研制了一种具有早强、高强、稳定性好、析水率低、流动性好、水下抗分散、对钢绞线不产生腐蚀、绿色环保性能优良的浆液配方,有效解决了浆液在低温高压的深水动水环境中析水率高、易分散、早期强度低等问题。

深水锚固与陆上锚固差异较大,锚孔内充满了水体,同时动水会冲散浆液。为保证深水地锚注浆质量,项目组研究设计了一套深水地锚注浆系统,包括隔水套管、锚索、进浆管、回浆管、止浆包、制浆装置。进浆管和回浆管分别与锚索固定,进浆管的出口临近锚孔底部,止浆包安装在过渡段上方,包裹在锚索上,进浆管在止浆包内开设有圆孔,进浆管内的浆液流经止浆包时,从圆孔渗入止浆包,止浆包膨胀,堵住锚孔。而止浆包透水不透浆,浆液密度比水大,浆液从孔底注入锚孔后,自下而上置换出锚孔内的水。回浆管的下口位于止浆包下方,由于深水环境中,浆液从下而上返回水面需要极大的压力,所以注浆过程中回浆管的上口不出水面,只露出水下地面,位于地锚索节处。回浆管的上口正上方安装有水下摄像头,便于观测返浆情况。进浆管包括第一进浆管、第二进浆管和第三进浆管,第一进浆管和第二进浆管需采用镀锌钢管,第一进浆管由多根连接而成,第三进浆管采用柔性管。第一进浆管之间均为正丝接头,第一进浆管和第二进浆管之间为反丝接头,第二进浆管和第三进浆管的连接处固定于锚索上,反向旋转第一进浆管,第二进浆管和第三进浆管都不会随之旋转,既能确保第一进浆管与第二进浆管在反丝接头处脱开,可以方便快捷地回收注浆管路,不仅避免了资源浪费和环境污染,又能避免扰动已注浆浆液。

2. 深水地锚质量检测技术研究

针对水下地锚施工环境,设计了一种高压脉冲发生模块,该模块可产生窄脉冲激励信号,获得超声波频谱。在高压脉冲激振下,接收信号的幅度值会随着注浆密实度的变化而变化;接收信号与激振信号之间的时延同样会随着注浆密实度的变化而变化。通过在锚固段施加激振信号产生应力波,该应力波遇到不连续界面(如蜂窝、夹泥、断裂、孔洞等缺陷)时,波的特征参数会发生变化,通过分析变化规律,对锚索注浆密实度进行判定,项目组首创了深水条件下锚索注浆质量无损检测技术,并通过拉拔试验进行了验证,保证了检测结果的可靠性。

常规锚索的拉拔试验需要在锚索端头施工安装锚垫板和大吨位穿心千斤顶,通过液压油泵张拉工具锚、工作锚配合操作,试验人员需要在锚索端头进行夹片安放及张拉操作。而深水条件下的锚索完全不具备常规锚索的拉拔试验条件。

深水地锚拉拔试验方法是在深水地锚索节预留孔内穿系柔性绳索，以一定角度斜向牵引出水面至两岸张拉平台，绳索牵引长度超百米，张拉端通过双千斤顶交替张拉柔性绳索，张拉试验最大试验荷载满足设计要求。

1.3.2 主要创新点和成果

成套技术成果包括深水地锚设计、施工、检测技术和质量保障体系，从深水地锚结构设计→深水地锚施工→深水地锚质量检测3个维度构建深水复杂条件锚固关键技术体系，其创新点和成果如下。

1.3.2.1 创新点

（1）创建了深水地锚结构设计体系，发明了160 m超深、动水复杂条件下大水平荷载锚固结构，实现了深水条件、斜拉受力、复杂工况下柔性、有效的锚固。

（2）创新了超深、动水、陡坡条件下复杂地层钻进方法和工艺，研究形成了配套装置和机具，实现了超百米级深水复杂地层安全高效精准钻进，为内河深水复杂地层条件下锚固的实施提供了关键支撑。

（3）发明了深水地锚锚固浆液，研究形成了深水地锚注浆方法及配套装置，解决了深水注浆质量控制和注浆管路回收难题，保证注浆密实度达90%以上。

（4）首创了深水地锚质量检测方法，提出的深水地锚注浆密实度无损检测方法与拉拔力检测方法，在实现施工质量有效检测的同时，填补了深水地锚施工质量检测技术的空白。

1.3.2.2 主要成果

本研究成果已成功应用于三板溪水电站低温水治理隔水幕墙试验工程。地锚长度为25～40 m，施工最大水深超过160 m，各项技术指标均满足设计要求，其中孔位偏差不超过20 cm，孔斜误差小于等于设计孔深的3%，注浆密实度超90%。地锚施工成本约50万元/根，施工工效约7 d/根。

研究成果已获得发明专利授权10项，新申请发明专利3项，授权实用新型专利12项，水利行业工法1项，电力行业专有技术1项，相关成果获得中国施工企业管理协会工法大赛一等奖、中国电力规划设计协会QC成果一等奖、电力行业工程建设管理创新成果特等奖。

该技术已成功应用于系列勘察处理工程中，正在推广用于龙滩水电站、港口湾水电站和白莲崖水电站等众多有低温水治理需求的已蓄水水库。应用结果表明，该创新成果具有锚固定位精度高、抗拔力大、孔斜偏差小、施工安全快捷等优点。该技术既可以服务于水下锚固工程和深水防渗灌浆，还可以在水上地质勘察和深水区资源勘探等领域得到广泛应用。该创新成果作为低温水治理技术的核心支撑，极具推广价值，具有广阔的市场应用前景。

水上平台

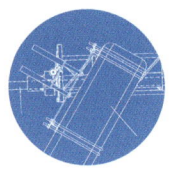

2.1 水上平台类型

水上平台(水上钻进平台)是一种为了进行水上钻探作业而特别搭设的作业场地。这种平台的设计和搭建是为了适应水上作业的特殊需求,确保水上作业活动的顺利进行。水上钻进平台通常具备稳定性和安全性,以应对水上的各种环境条件,包括水流、波浪等因素的影响。

2.1.1 常见水上平台分类

常见的水上平台按移动性分为移动式和固定式两大类。移动式水上平台包括坐底式钻井平台、自升式钻井平台、半潜式钻井平台、钻井船。固定式水上平台包括重力式平台、导管架式平台、绷绳塔式平台、张力腿式平台。移动式水上平台的分类及特点见表2.1,部分移动式水上平台示意图如图2.1、图2.2所示。

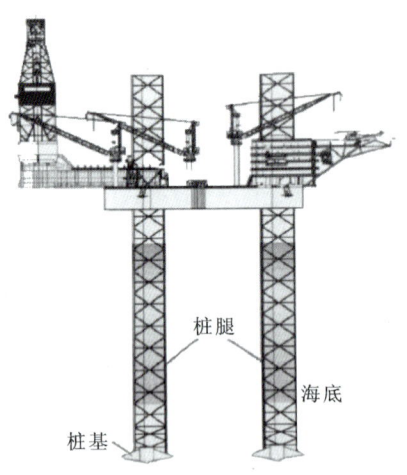

图 2.1 自升式钻井平台示意图

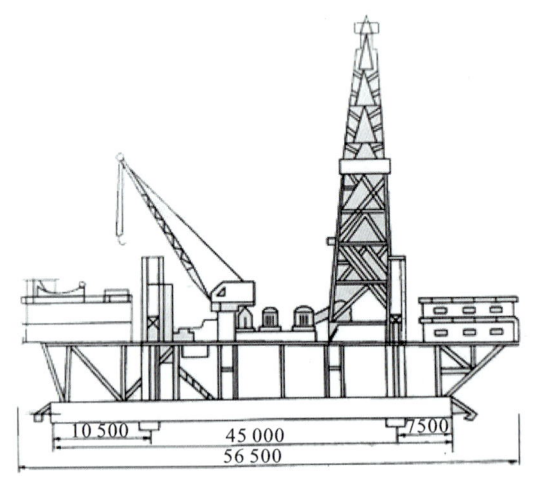

图 2.2 半潜式钻井平台示意图(单位:mm)

表 2.1 移动式水上平台的分类及特点

类型	作业水深	特点
坐底式钻井平台	0～30 m 浅水水域	优点:结构简单,建造周期短,固定牢靠,钻完井后在浅水中运移灵活
		缺点:坐底掏空,沉垫坐落在水中,水流作用使海底被冲刷和掏空,造成平台倾斜和滑移。同时,对坐底式平台而言,一旦平台高度确定,就意味着该平台只能在低于平台高度以下的水域中工作,灵活性较差,因此其发展受到了一定限制
自升式钻井平台	水深几十米到 120 m 左右	优点:可适应较深的作业水深;钻井平台造价较低,运移性好,对水底地形的适应性强
		缺点:拖航困难,平台定位操作比较复杂,同时难以适应更深海域的工作要求
半潜式钻井平台	适用于深水作业,作业水深可达 900～1200 m	优点:稳定性好,抗风能力强,可变载荷大,自持力强,工作水深大
		缺点:投资大,维持费用高,需有一套复杂的水下器具,有效使用率低于自升式钻井平台
钻井船	一般只适用于 200 m 以内的水深	优点:所有钻井装置中机动性最好,调速迅速,移运灵活,而且船速较高,停泊较简单,适应水深范围大,特别适用于深水作业。同时水线面积较大,船上可变载荷大,船上装载物资器材的变化对钻井船吃水影响比较小。储存能力大,海上自持力强
		缺点:受风浪影响大,对波浪运动敏感,稳定性差,作业水况限制了钻井的作业效率,钻井性能最差

固定式水上平台的分类及特点见表 2.2,部分固定式水上平台示意图如图 2.3、图 2.4 所示。

表 2.2 固定式水上平台的分类及特点

类型	作业水深	特点
重力式平台	一般作业水深为 100 m 左右,极限作业水深为 450 m	优点:平台性能稳定,不容易被侵蚀,因而防腐、维护和整修工作量小,使用寿命长。由于建筑材料是水泥,所以价格便宜。建造技术简单,浇灌技术成熟,设计上也有灵活性,另外防水、防火和防爆性能也优越
		缺点:在一般船厂难制造,拖运比较困难;对地基的要求高;重复利用的难度较大

续表 2.2

类型	作业水深	特点	
导管架式平台	大多用于 250 m 水深内	优点:稳定性好,技术成熟,甲板载荷较大	
		缺点:平台不能移动,无法重复使用	
绷绳塔式平台	作业水深可达 180 m	优点:疲劳强度高,承载能力大,受水况影响小,投资少,使用期间检验、维护和修理的费用较低,达到使用寿命后容易拆除	
		缺点:适用水深范围相对有限,环境适应性较差,在某些极端海洋环境中,平台稳定性会受到影响	
张力腿式平台	作业水深可达 600 m	优点:可以消除平台的垂直运动,并能在很大程度上抵消船体的侧向运动,可以在恶劣的海况中作业	
		缺点:安装过程较为复杂,需要精确地将张力腿连接到海床;张力腿长期暴露于海洋环境中,会受到腐蚀、磨损等影响,需要定期检查和维护,维护成本高	

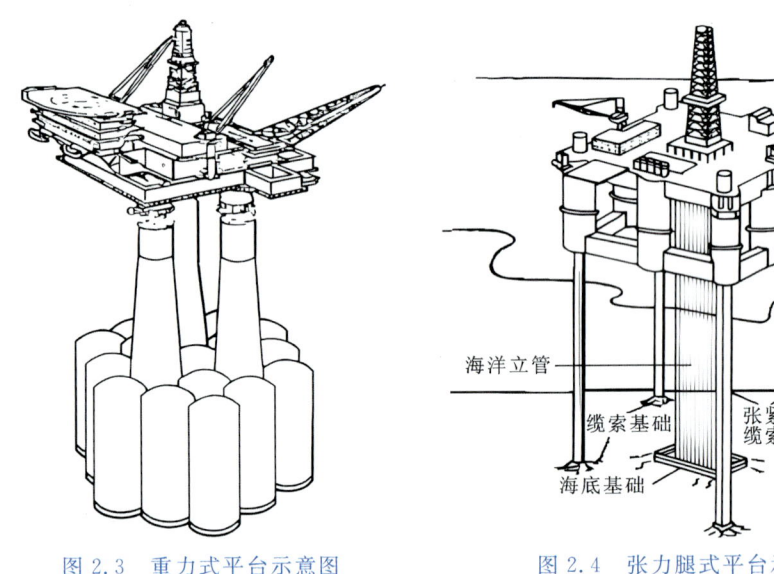

图 2.3 重力式平台示意图　　图 2.4 张力腿式平台示意图

2.2.2　其他水上平台

除了常见的移动式和固定式水上平台外,还有一些其他的水上平台,其分类以及特点如表 2.3 所示。

表 2.3　其他水上平台的分类及特点

类型	作业水深	特点
单柱式平台	一般作业水深大于 45 m	优点:具有良好的运动性能,抗风浪能力强,具有很好的安全性;灵活性好,十分便于拖航和安装,作业过后,可以拆除系泊系统,直接转移到下一个工作地点继续使用
		缺点:安装过程较为复杂,需要系泊系统和精确的定位
圆筒式平台	作业水深可达 3000 m	优点:稳定性好,能适应各个方向的风浪,容量大,建造成本低
		缺点:上下升沉略大,上层甲板面积小
深吃水半潜式平台	作业水深可达 3000 m	优点:增加了 10~15 m 的吃水深度,既保持了半潜式平台的优点,也使平台上下升沉得到改善。主体是半潜式平台,利用单柱式平台的优点,在半潜式平台下部增加垂荡板,以降低半潜式平台的垂荡幅度,使平台的性能大大提高
		缺点:建造周期长,建造成本大,环境适应性有限,在极端恶劣的天气条件下,平台可能会受到影响

2.2　水上平台设计

2.2.1　设计依据

水上平台设计依据包括:①深水地锚钻孔设计参数;②进场运输条件和现场施工条件;③当地水文气象资料和地质资料;④平台最大荷载和施工空间要求,包括施工期间人员、设备和器材等质量,以及起下钻作业空间及器材堆放空间等。

2.2.2　平台设计

根据工程实际,水上平台设计总浮力 2000 kN,设计净浮力 1500 kN。采用浮箱式平台,整体实现模块化,总长 20 m,型宽 12 m,型深 1.2 m。由 3 个长 8 m 和 3 个长 12 m 的箱体两两端面经过铰链连接,组成 3 个长 20 m、型宽 2.8 m、型深 1.2 m 的浮箱。3 个浮箱平行摆放,浮箱与浮箱之间通过 4 支法兰钢管连接,钢管直径 720 mm,壁厚 12 mm,图 2.5 是

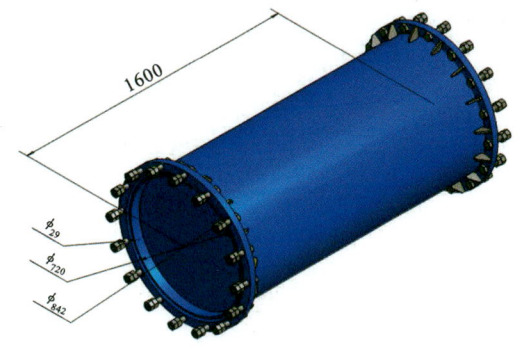

图 2.5　法兰钢管图(单位:mm)

法兰钢管图,图2.6是水上平台箱体连接图。浮箱与浮箱之间空隙由踏步覆盖。另外,平台四角位置还布置有压水舱,通过调整水量保证水上平台不因设备器材的位置或数量变化引起平台失衡。中间浮箱中设有10 m³泥浆池,可以实现泥浆循环。平台栏杆高1.5 m,分为若干节,通过螺栓固定在平台四周,图2.7是水上平台装配图。

浮箱外壳由6 mm钢板焊接而成,材料为Q345,浮箱内部有环梁和纵梁,型材为12♯工字钢,材料为Q235。

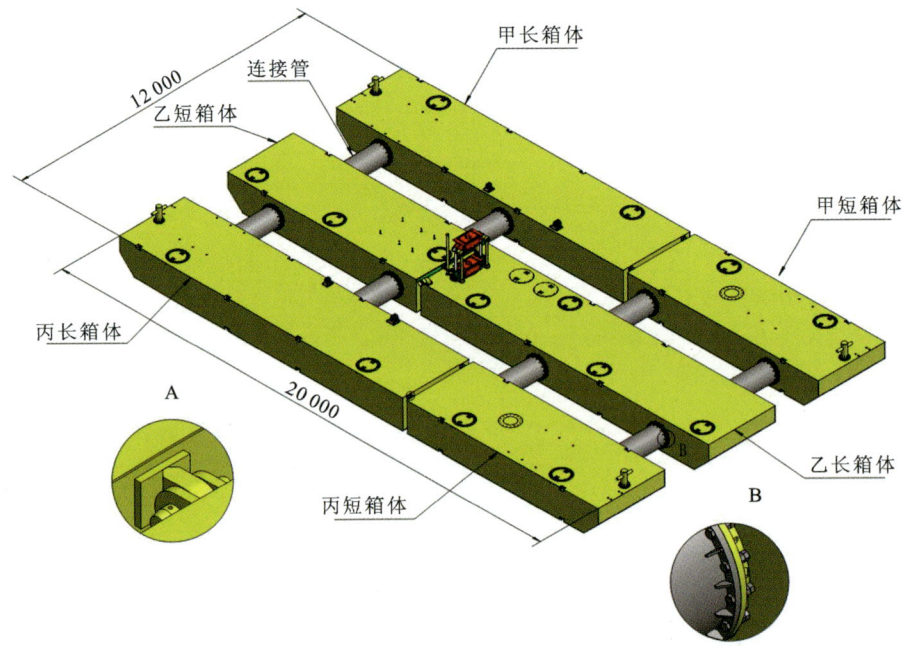

A. 端面连接(铰链座与销轴连接);B. 侧面连接(短连管连接)。

图2.6 水上平台箱体连接图(单位:mm)

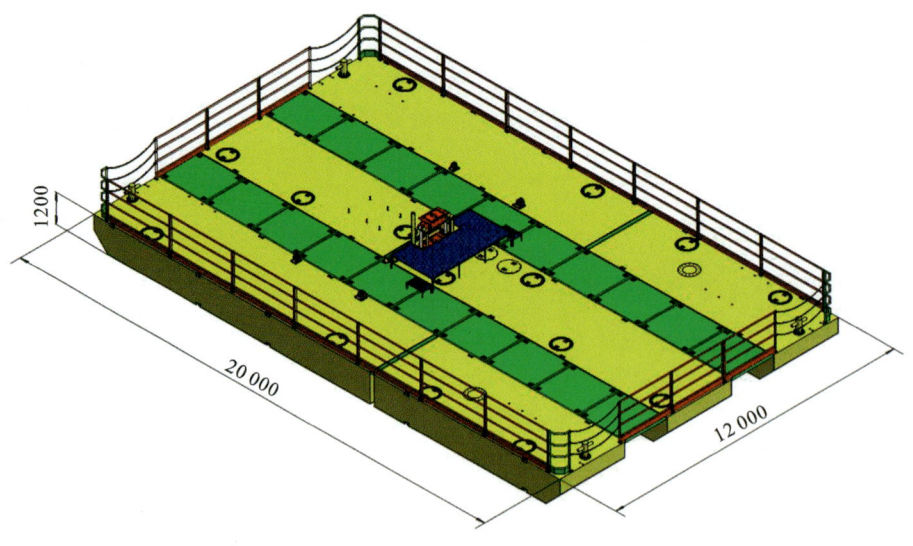

图2.7 水上平台装配图(单位:mm)

2.3 水上平台强度校核

基于水上平台结构设计参数,建立水上平台结构数字化模型,利用 ANSYS 分析软件对平台进行甲板强度分析、天车强度分析、井架(钻塔)强度分析、箱体强度分析、浮箱连接处强度分析、平台吊装强度分析。针对计算结果识别平台危险部位并提出对应措施;考虑到水上平台陆地建造、水上作业特性,聚焦水上平台转移过程进行研究,分析平台在吊装过程中的结构响应。

2.3.1 甲板强度分析

应用 ANSYS 分析软件建立平台简化模型,平台有限元模型如图 2.8 所示,井架和浮箱是平台的主要承载部件,进行细化建模,井架采用 PIPE16 单元进行建模、平台甲板使用 SHELL181 单元进行建模,浮箱内部的环梁、纵梁以及其他支撑部位采用 BEAM188 单元通过定义不同的实常数进行建模,甲板上其他结构对平台整体强度及稳定性影响较小,进行简化建模。

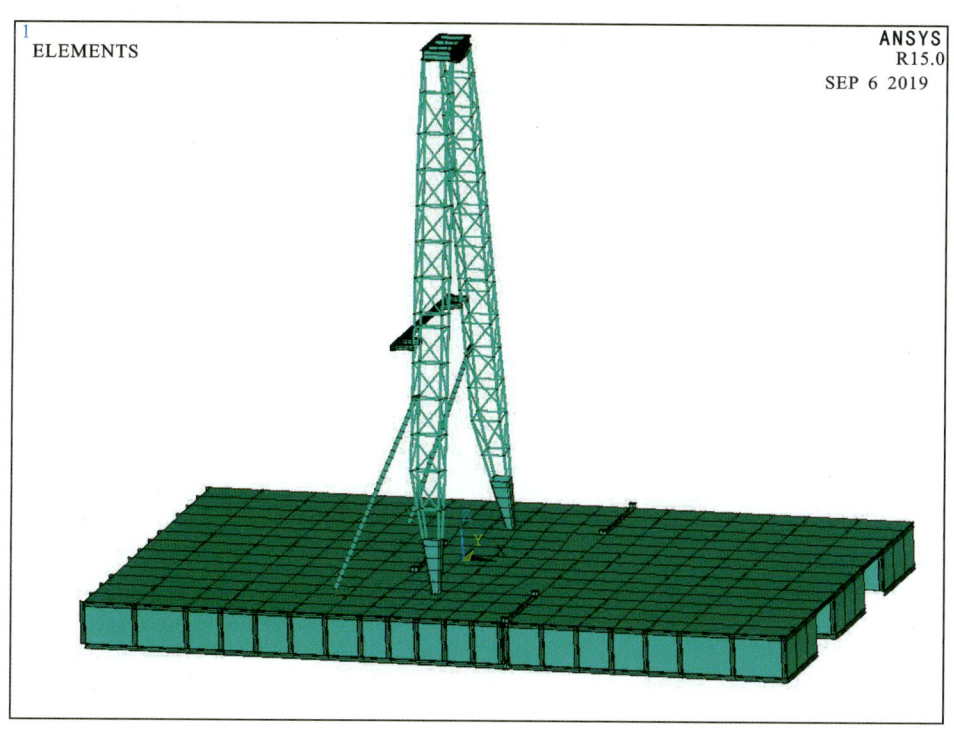

图 2.8 平台有限元模型

根据平台受力情况,计算得到整体应力分布如图 2.9 所示。对于 700 kN 荷载在平台均布形式,考虑两种情况:①荷载均布在平台表面,浮箱和踏板均受力,此时甲板应力极值为 2859 Pa;②荷载只布置在浮箱上,踏板不承受载荷,此时甲板极值为 4084 Pa。两种布置形式,甲板强度均满足要求。

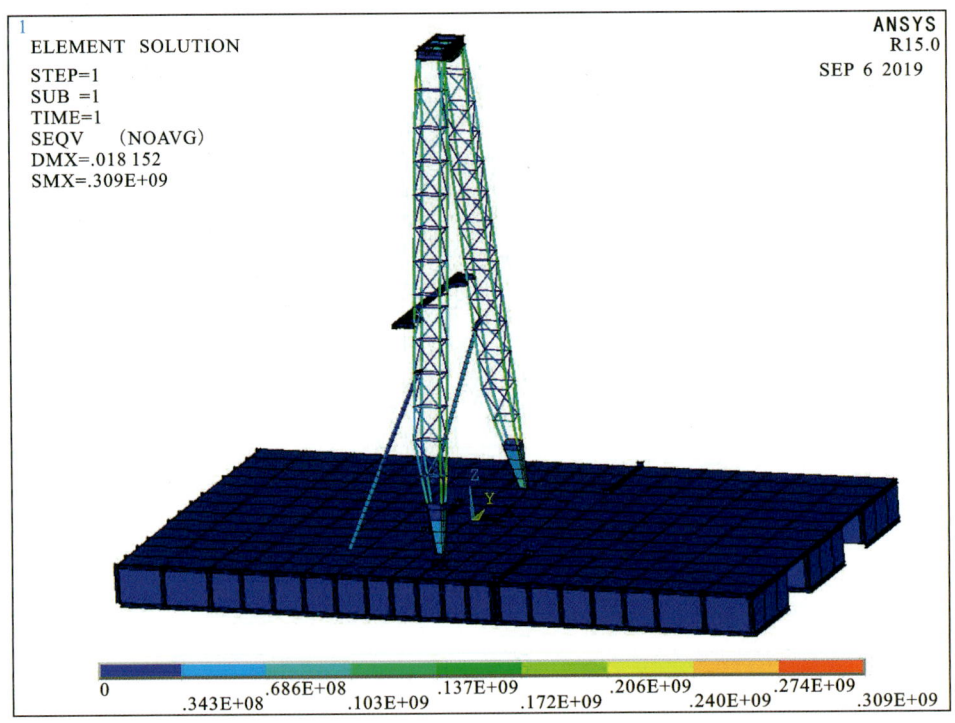

图 2.9 平台整体应力分布图

2.3.2 天车强度分析

井架和天车除了承受自身重力外,还需要承受吊钩牵引的荷载重量,对荷载进行解析,天车及井架荷载示意图如图 2.10 所示,图中 F_Y、F_Z 分别为天车所受到的水平荷载和垂直荷载,天车部位结构图如图 2.11 所示。提取图 2.9 计算结果,得到天车部位应力分布图(图 2.12)。由分析结果可知,在天车框架长横梁底部焊接 T 型材可以显著降低横梁应力,天车部位应力极值点位于长横梁与短纵梁连接处,应力极值为 205 MPa,天车部位材料屈服强度为 345 MPa,此时天车部位安全系数为 1.68,满足钢结构设计规范的安全要求。

提取 0°风向下平台结构位移云图(图 2.13),由结构位移云图可知,井架顶点处位移最大,极值为 0.018 m。进一步提取平台在 0°~360°风向下的顶点位移如图 2.14 所示,由图可知平台顶点位移振荡范围为 0.017~0.018 m,在 180°风向时取得极小值 0.017 1 m,对于多层框架式结构,层间位移角容许值为 1/250,平台的顶点位移符合标准要求。

图 2.10 天车及井架荷载示意图

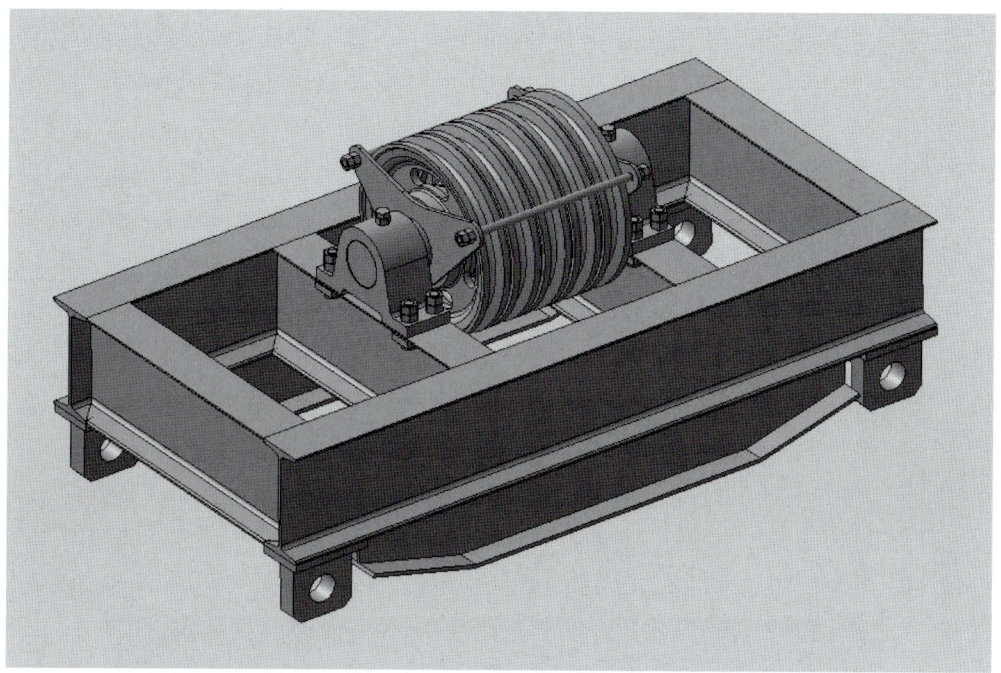

图 2.11　天车部位结构图

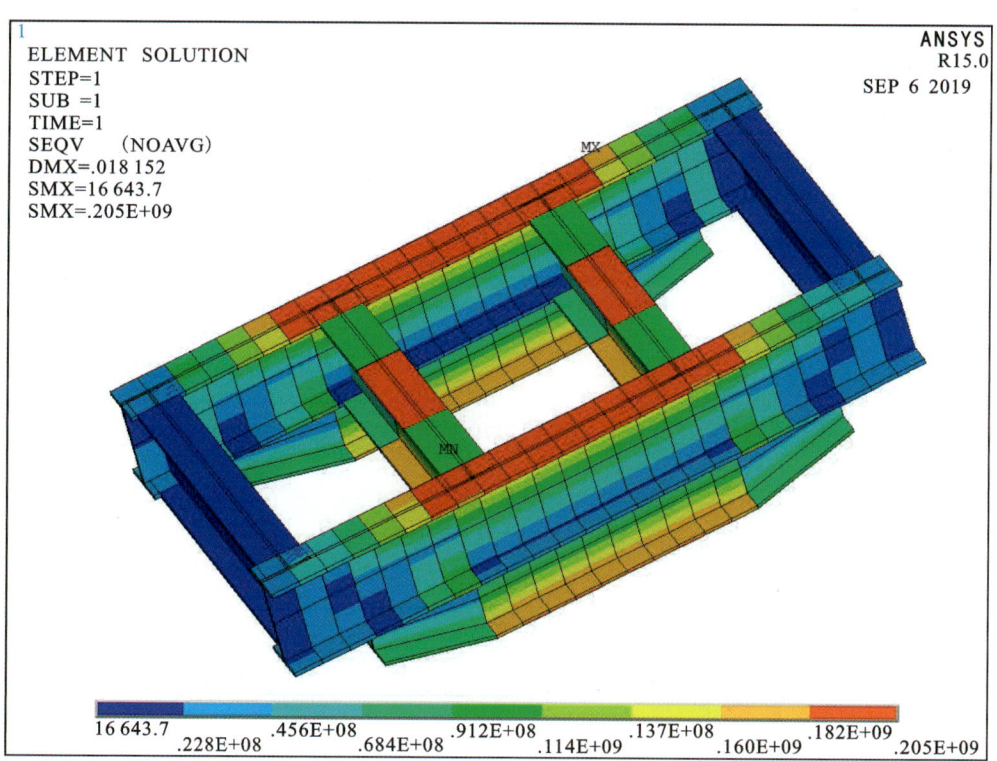

图 2.12　天车部位应力分布图

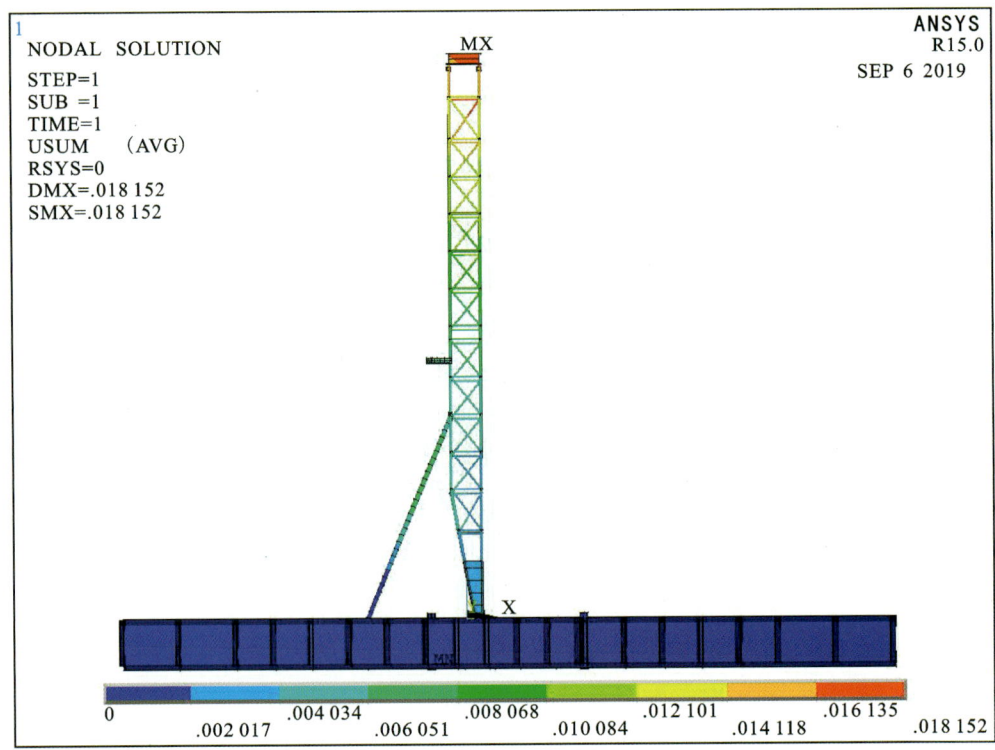

图 2.13 0°风向下平台结构位移云图

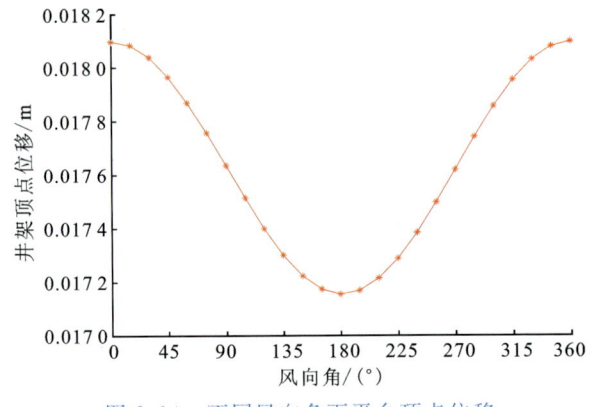

图 2.14 不同风向角下平台顶点位移

2.3.3 井架(钻塔)强度分析

图 2.15 和图 2.16 分别为井架底部示意图和井架底部支撑钢管实体图,在 ANSYS 分析软件中建立仿真模型,提取图 2.12 中计算结果得到井架底部应力分布图,如图 2.17 和图 2.18 所示。

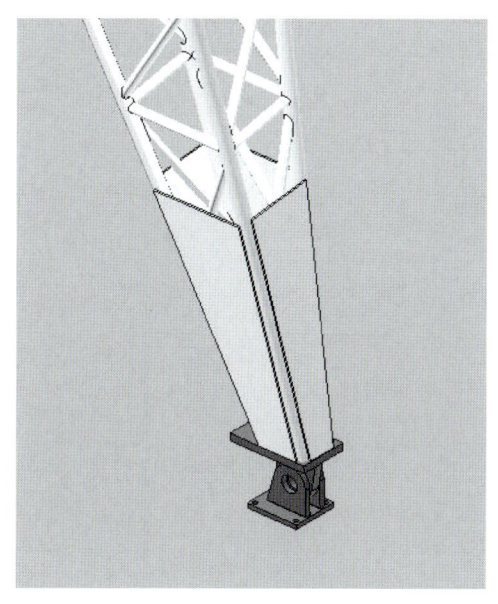 

图 2.15 井架底部示意图　　　　　图 2.16 井架底部支撑钢管实体图

由图 2.17 可知,下层长管与加强板上部连接处取得局部应力极值 304 MPa,连接有加强板处长管应力取值范围为 74~138 MPa,未连接加强板处长管应力范围为 137~204 MPa,下层长管的屈服强度为 345 MPa,参考钢结构规范,井架部位符合安全要求。此外,长管与加强板连接部位会出现应力集中现象,应在连接处避免尖角,对于焊趾处采用圆滑的几何过渡等方式消除应力集中。

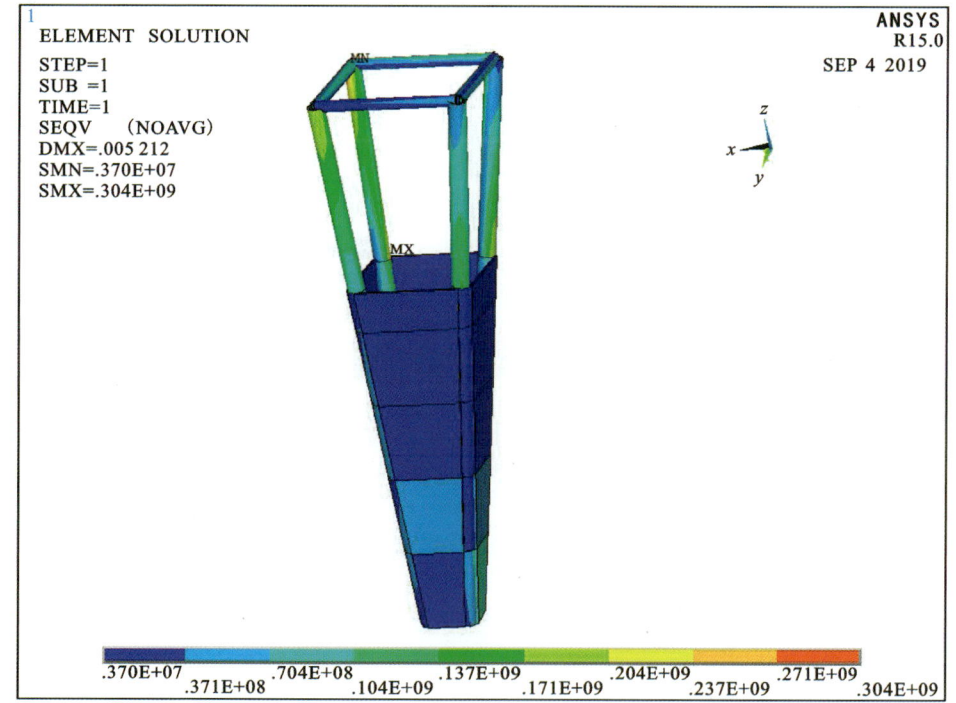

图 2.17 井架底部应力分布图

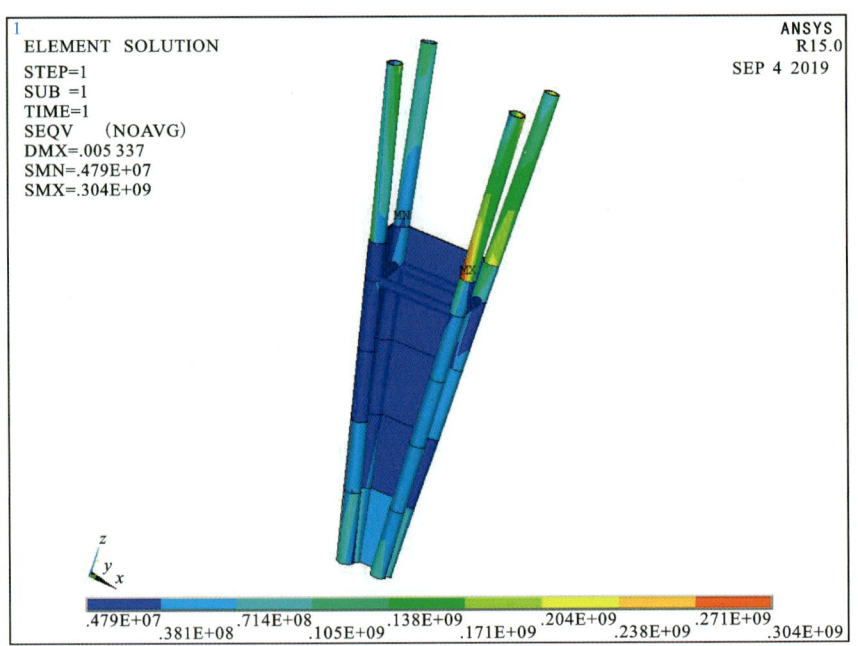

图 2.18　井架底部(剖视)应力分布图

2.3.4　箱体强度分析

井架下方支撑结构为箱体的薄弱环节,提取图 2.12 中水上平台整体应力分布结果,得到井架支撑部位应力分布图(图 2.19)。由图可知,加强管应力为 40.8 MPa,3 根斜撑应力分别为 50 MPa、103 MPa、213 MPa,箱体横撑最大应力为 98.3 MPa,支撑结构采用 12♯工字钢(Q235),屈服强度 235 MPa,因此箱体设计满足安全要求。

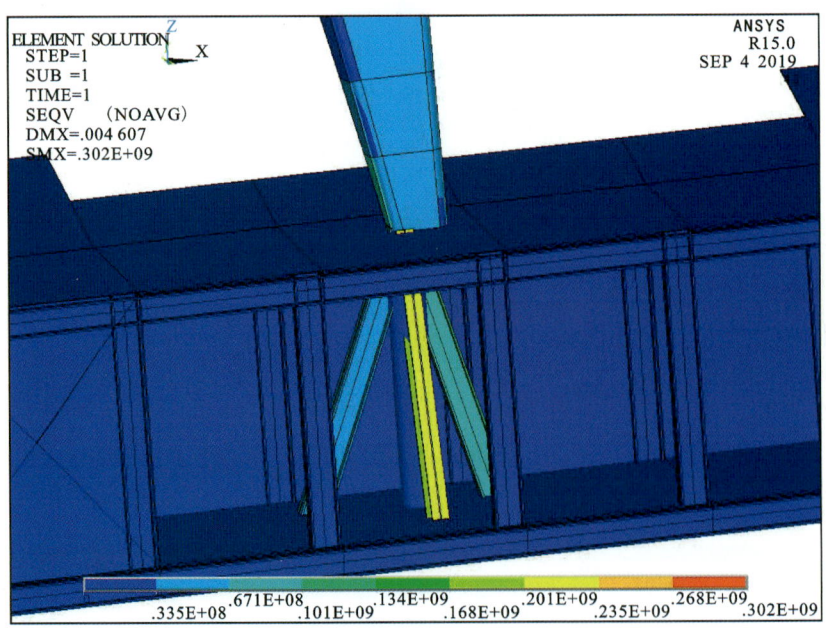

图 2.19　井架支撑部位应力分布图

2.3.5 浮箱连接强度分析

浮箱与浮箱间的连接有两种,端面采用铰链座与销轴连接,侧面采用短连管连接。

1. 端面连接强度分析

在荷载及浮力作用下,铰链座和销轴承受较大的应力,提取整体分析得到的浮箱铰接处单元应力,将铰链座和销轴实体导入 ANSYS 中进行分析,得到如图 2.20~图 2.23 所示结果。下部链接承受拉力 190 kN,图 2.20 为分析结果,应力极值为 191 MPa,销轴承载形式为剪切力,如图 2.21 所示。

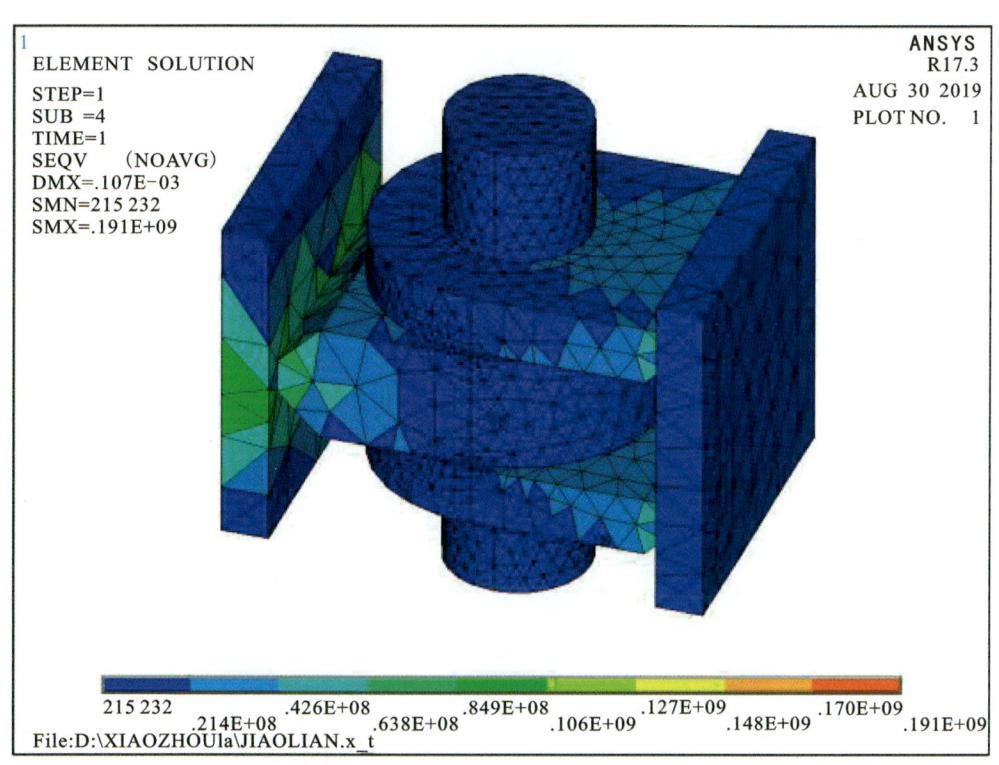

图 2.20　下部铰链应力分布图

上部链接承受压力 200 kN,图 2.22 为分析结果,应力极值为 201 MPa,销轴承载形式为剪切力,如图 2.23 所示。通过分析可知,铰链座与销轴强度满足要求。

2. 侧面连接强度分析

在荷载及浮力作用下,浮箱侧面连接用短连管主要承受弯矩,提取平驳整体应力分布云图,如图 2.24 所示,平驳第二根短连管与中间浮箱连接处应力较大,图 2.25 为局部放大图,第二根短连管与中间浮箱连接处最大应力约为 27 MPa。图 2.26 为中间浮箱内部第二根短连管应力分布云图,短连管主要承受弯矩,应力最大点在中间短连管底部,约为 32.7 MPa,满足强度要求。

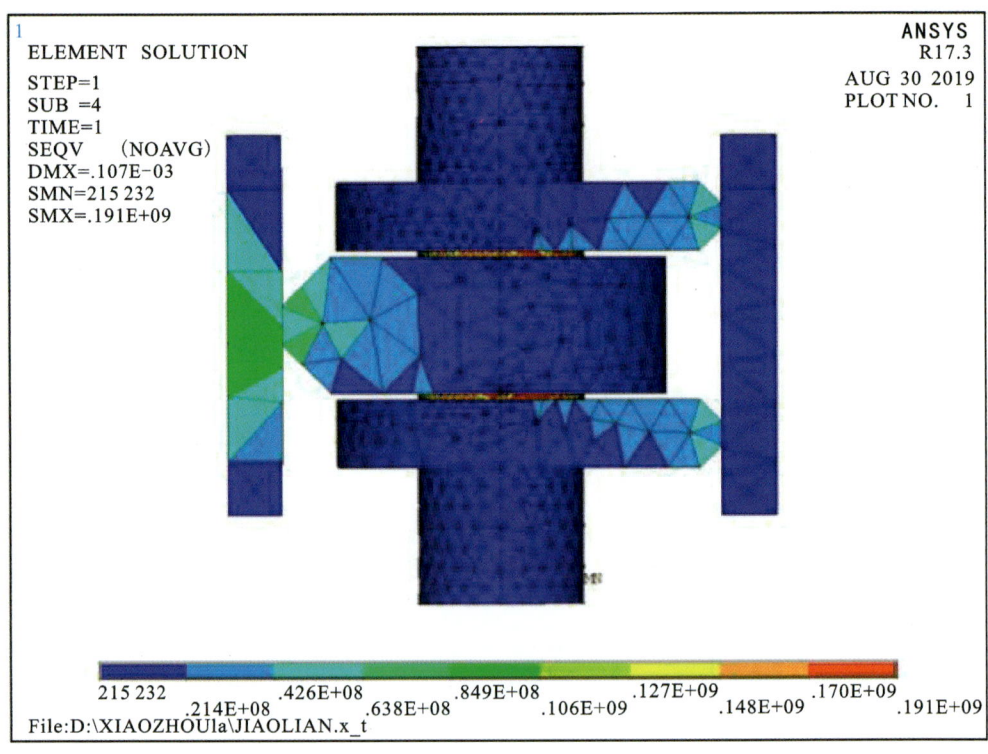

图 2.21 下部铰链放大图

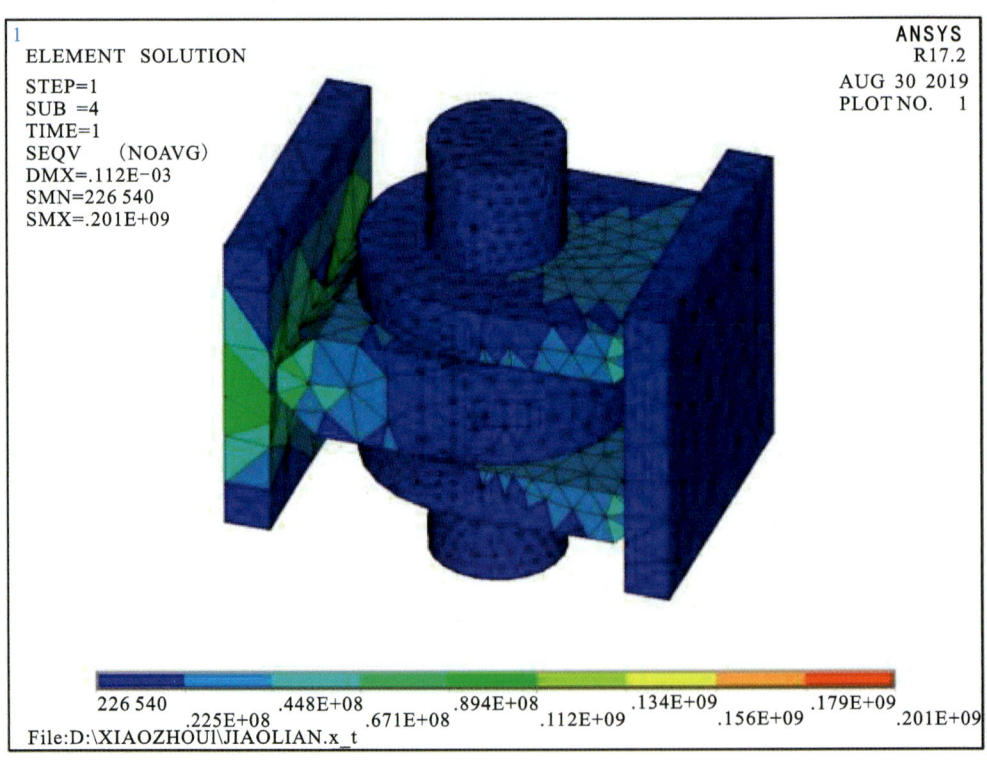

图 2.22 上部铰链应力分布图

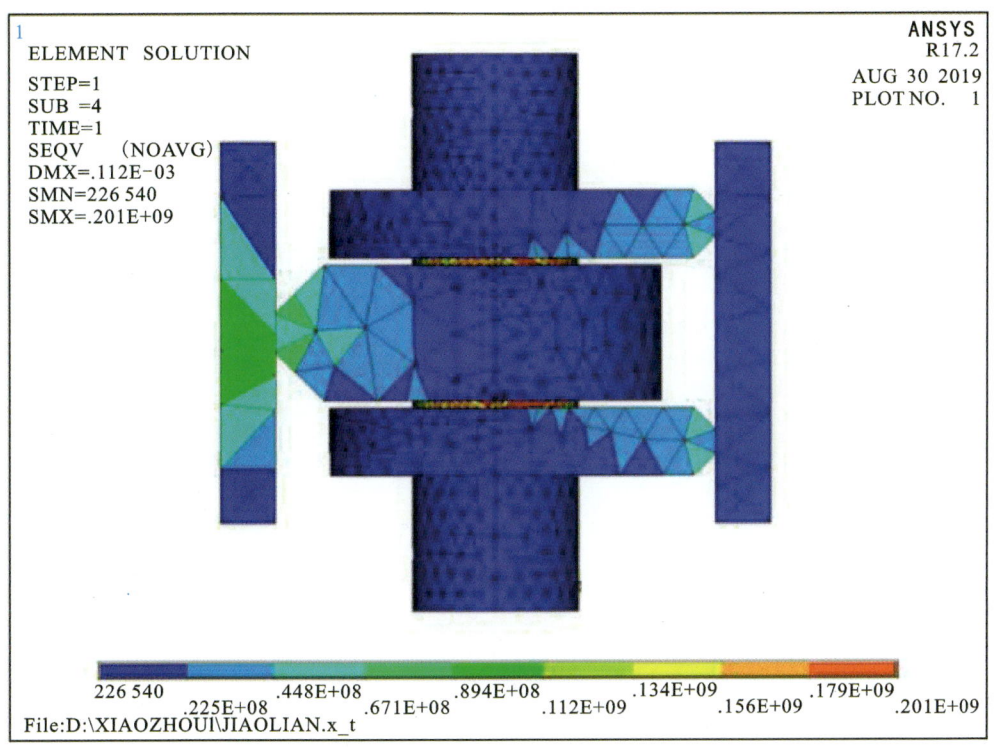

图 2.23　上部铰链放大图

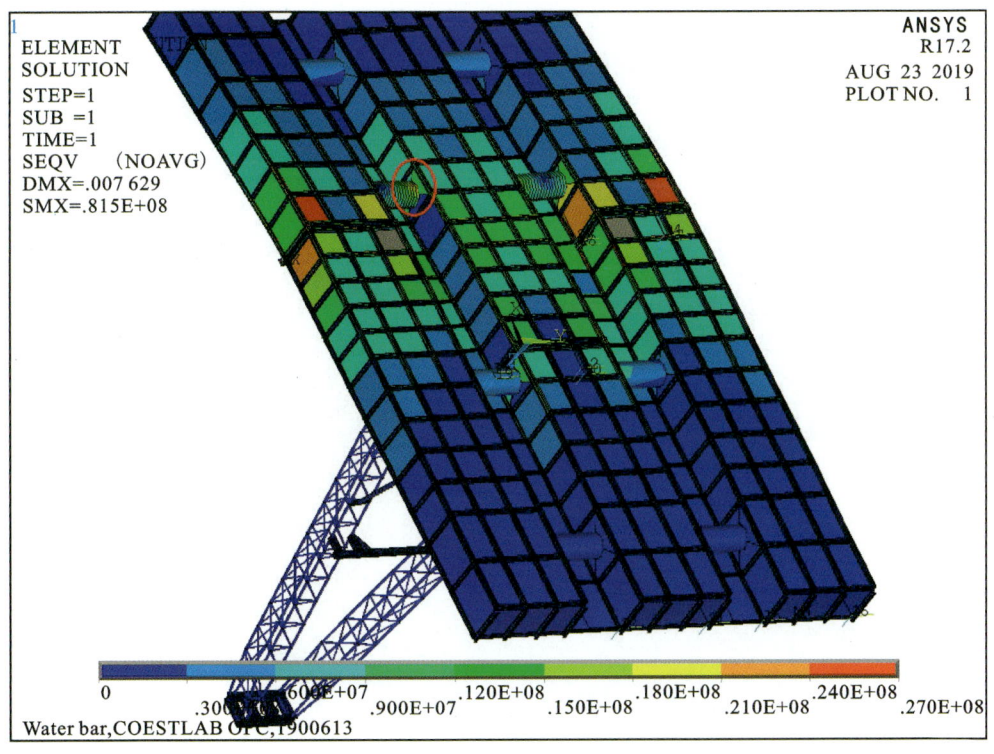

图 2.24　平驳底部整体应力分布云图

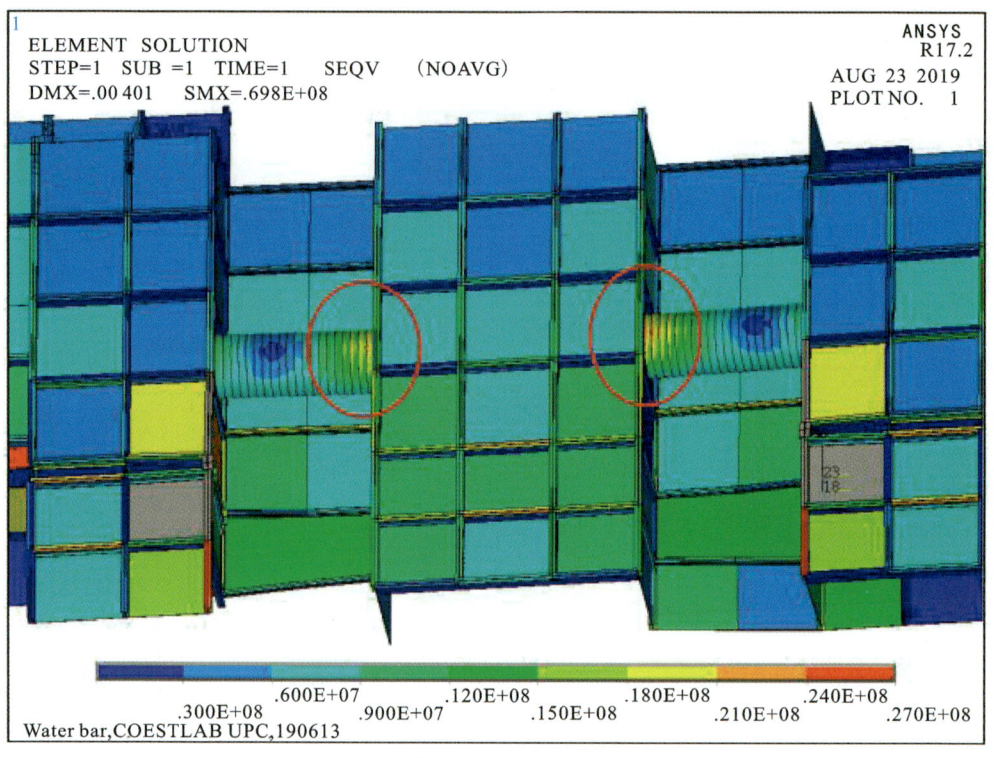

图 2.25 局部放大图

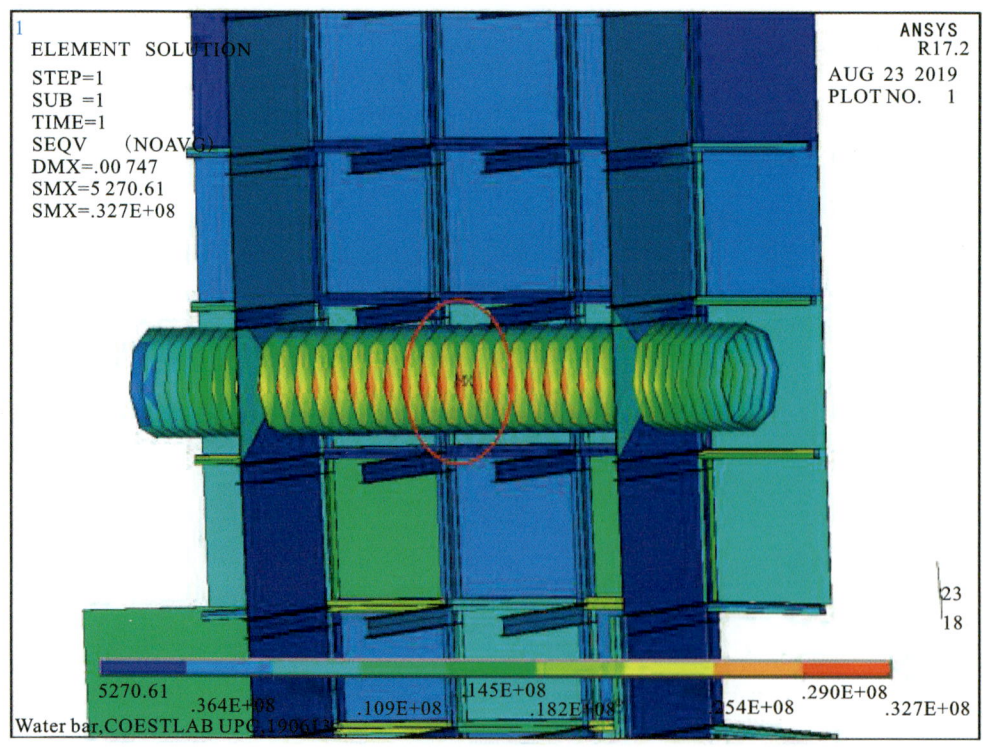

图 2.26 第二根短连管应力分布云图

2.3.6 平台吊装强度分析

采用机械吊装完成水上平台由陆地到水面的转移,吊装模式为从 4 个缆桩开始成 45°角汇集到一点,且吊装时不安装井架,对平台施加自重,得到吊装过程中平台应力分布如图 2.27 所示,图中 4 个缆桩处局部取得较大应力,应力极值 292 MPa 位于平台艉部左侧缆桩处。提取艉部左侧缆桩处应力分布得到图 2.28,可知吊装过程中应力极值出现在缆桩长管和甲板、加强斜梁连接处,应力值为 292 MPa,缆桩长管材料强度为 345 MPa,对于陆地吊装工况,动载系数一般取 1.05~1.15,因此缆桩长管满足吊装安全要求。进一步提取缆桩长管附近加强斜撑应力,分别为 45.2 MPa、70.8 MPa、55.3 MPa、24.7 MPa,加强斜梁均采用 12♯工字钢(Q235),屈服强度为 235 MPa,满足吊装要求。图 2.29 显示平台其他结构应力值较小,吊装过程安全。

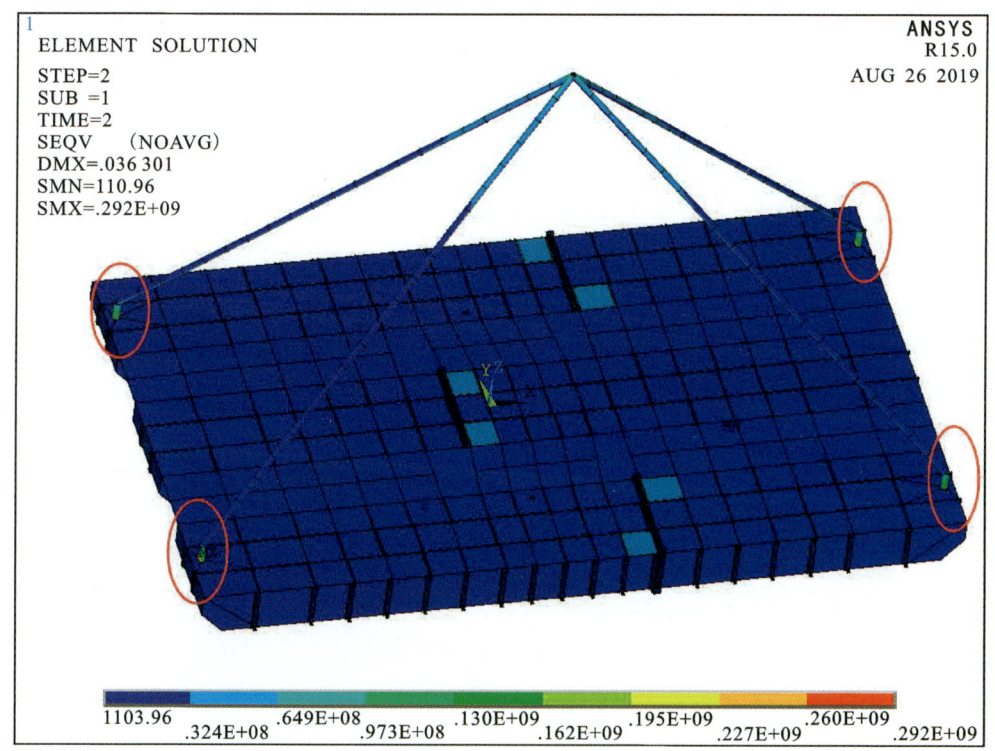

图 2.27 吊装过程中平台应力分布

2.4 水上平台抗风等级及作业稳定性分析

水上平台工作时,由于受风、浪等自然环境外力的作用,倾斜角可能大于 10°。此时仅用小倾角计算会出现较大的误差,必须进行大倾角的稳性计算。水上平台按照受外力作用的不

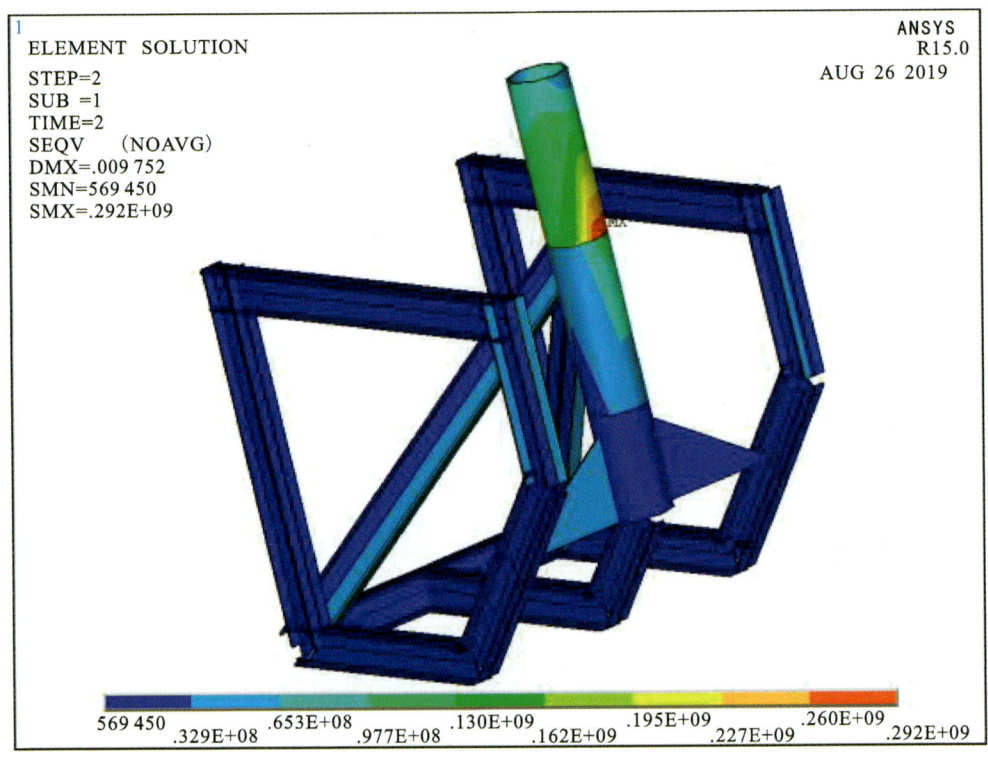

图 2.28　艏部左侧缆桩处应力分布图

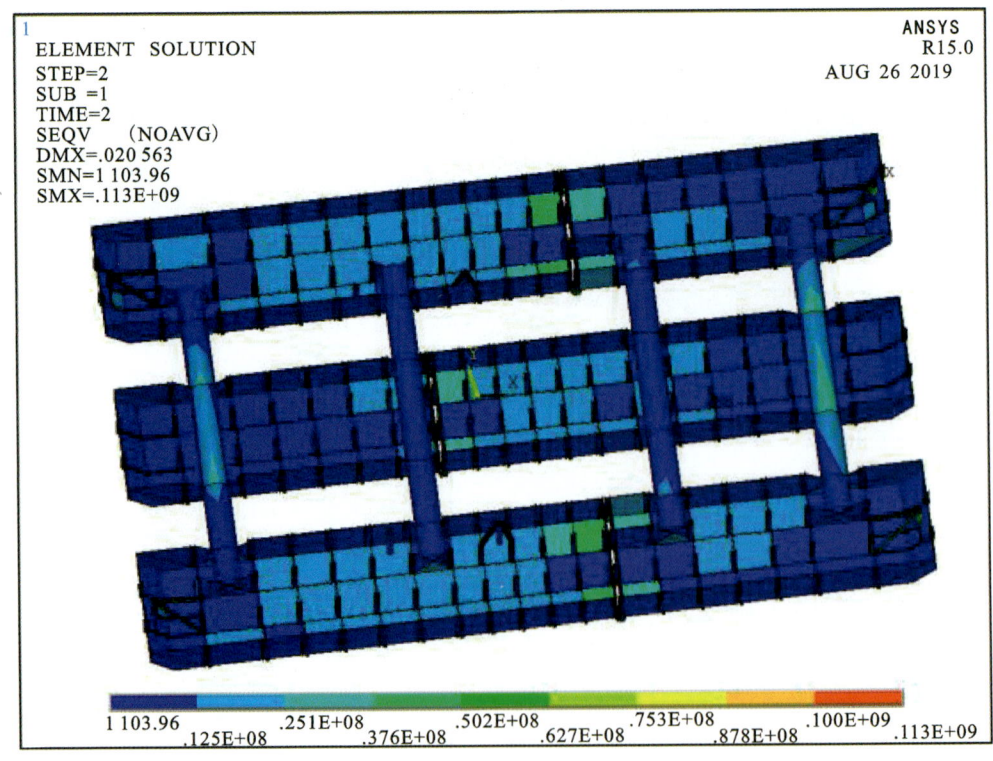

图 2.29　平台内部应力分布图

同分为静稳性和动稳性。静稳性假定外力是逐渐加到浮体上的,浮体缓慢倾斜,其角速度为零,并通过平台在各种荷载情况下倾角与复原力矩和风侧力矩的关系(平台静稳性曲线)来研究。绘制方法:从平台的正浮位置($\varphi=0°$)开始,到平台完全倾覆($\varphi=90°$)为止,等分成若干个倾角位置,如每隔10°为一个位置分别计算出各倾斜位置的倾覆力矩和复原力矩,将各点用线连接,即构成平台的静稳性曲线。水上平台工作时还会受到外力的突然作用,如阵风的突然吹袭、波浪的猛烈冲击等,致使水上平台在其作用下很快倾斜,在倾斜过程中具有一定的角速度,这种情况与静力不同,称为动稳性。

基于SolidWorks建模和Maxsurf稳性模块,参考国际海事组织(International Maritime Organization,IMO)稳性衡准,进行水上平台大倾角稳定性分析;根据水上平台抗风等级研究方法和计算公式,基于突风的影响和平台倾覆极限风速安全系数,评估水上平台抗风能力;在保证平台满载作业不倾覆的前提下,考虑其他不确定因素的影响,确定平台的安全倾斜范围。

2.4.1 平台在水中的稳定性

水上平台在作业过程中,经常遇到风浪等各种外力的干扰,平台平衡状态会被破坏。平台在受到外力矩作用下发生倾斜,此时,具有适当稳性的船舶会在浮力和自身重力的共同作用下,平台将产生复原力矩以抵消外力矩的作用以免倾斜继续扩大。当外力矩消除后,复原力矩使平台(经过一定的周期性摇摆)恢复到原先的平衡位置。平台的这种复原能力就是我们所研究的平台稳性问题。

在作业过程中,平台稳性的好坏并不是简单地凭平台的这种复原能力大小来判断。通常平台都需要结合自身及环境因素,保留适当的稳性。

通常用稳性力臂来表示平台稳性,稳性力臂是指平台中心 G 至倾斜后浮力作用线的垂直距离,以 l 表示,如图2.30所示。M_R 为复原力矩,$M_R=\Delta GZ$。其中 Δ 是平台的排水量。

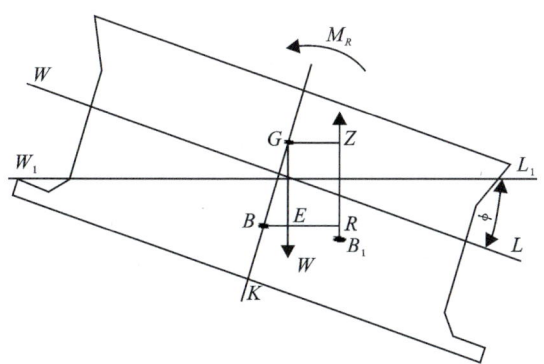

图2.30 复原力臂GZ示意图

将各个横倾角下的复原力臂(矩)统计起来,绘制出的曲线称为静稳性曲线,如图2.31所示。

通过静稳性曲线可以得知水上平台的稳性是否符合国际或者国内的稳性规则。如图2.32所示,根据IMO完整稳性衡准,水上平台需要满足以下稳性衡准:①经过自由液面修正以后的初稳性高,GM不小于0.15 m(GM≥0.15 m);②从0°到30°的复原力臂曲线下的面积不小于 0.055 m·rad、从 0°到 40°或进水角(取小者)的复原力臂曲线下的面积不小于 0.09 m·rad、从 30°到 40°或进水角(取小者)的复原力臂曲线下的面积不小于 0.03 m·rad;③在 30°到进水角之间,至少在某个倾角下的复原力臂不小于 0.2 m;④最大复原力臂所在的横倾角应大于 25°。

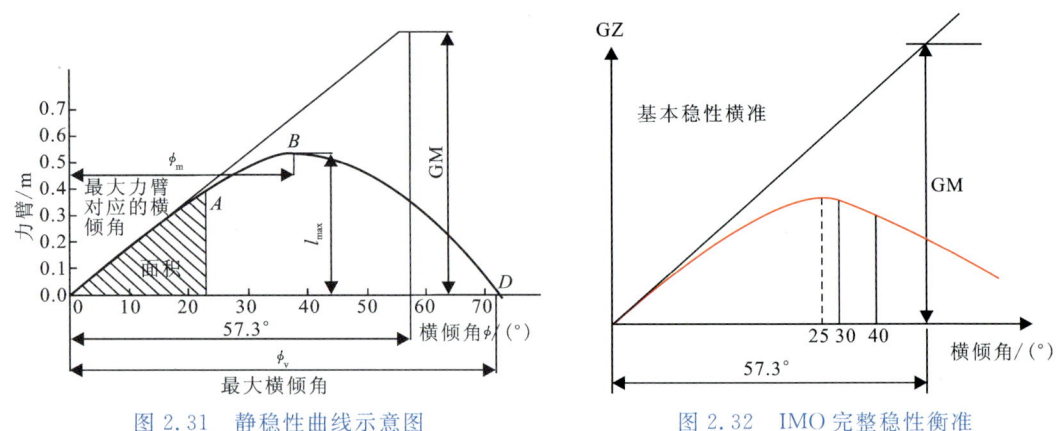

图 2.31 静稳性曲线示意图　　　　图 2.32 IMO 完整稳性衡准

本次研究通过 SolidWorks 建立水上平驳 3D 模型,为方便计算,对平台适当进行简化,如图 2.33 所示。将模型导入 Maxsurf Modeler 中设置水线面等参数,之后转入 Maxsurf Stability 中进行大倾角稳性分析,其中设置 0°~90°横倾角,间隔 10°。考虑平台最危险情况,即吊钩位于井架最高处,计算得到平台重心高度为 5.5 m,分析结果如图 2.34 所示。

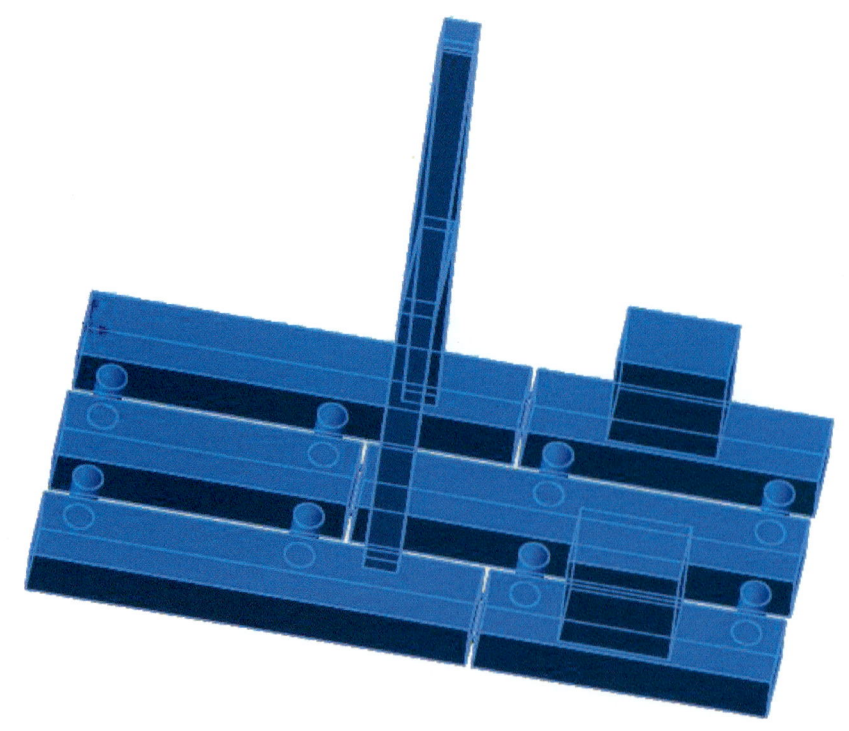

图 2.33 平台简化 SolidWorks 模型

2.5.2 平台固定

水上平台受风浪和水流影响,稳定性差、位置漂浮不定,为了解决这些问题,研究了一种水上平台的固定方式。图 2.38 是平台固定方式示意图,包括水上平台、钢丝绳、绞车、泡沫块、锚筋桩。

水上平台上固定设置有 4 台绞车,每一台绞车连接一根钢丝绳,钢丝绳的一端固定在岸边的锚筋桩上,锚筋桩位于两岸库岸,钢丝绳分布在水上平台的两侧,且钢丝绳上间隔设置有多个泡沫块,钢丝绳利用泡沫块的浮力浮于水面上。平台定位时,通过绞车控制各根钢丝绳的长度以及拉力,通过改变各根钢丝绳的长度能够调整水上平台的位置,确保水上平台的位置不

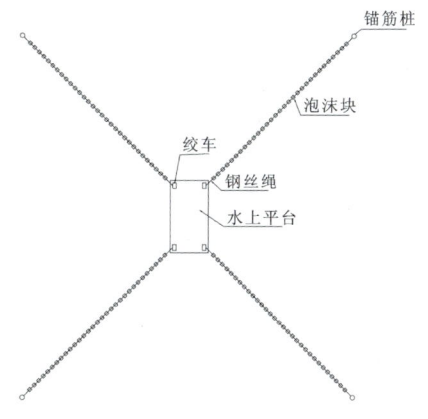

图 2.38 平台固定方式示意图

会随着库水位的变化而发生较大的位移,同时提高各根钢丝绳的拉力能够增加水上平台的稳定性;钢丝绳上连接多个泡沫块后使得钢丝绳能够浮于水面上,相比于没有设置泡沫块的钢丝绳,该钢丝绳可调整弧垂和拉力,有利于提高水上平台的稳定性。

2.5.3 平台监测

平台监测包括位置监测和平台水平监测。

位置监测。为保证钻孔过程中平台位置不发生较大偏移,确保钻孔精度,在岸边视野较好位置安装测量机器人,如图 2.39 所示,在位于平台上预留的钻孔井口中心点正上方钻塔顶部安装测量棱镜,配合综合智能监测系统,实现全天 24 h 无人值守对水上平台位移进行实时监测,并做到平台位移超限预警。当平台位移超过预警值后,及时改变平台四角各根钢丝绳的长度来调整水上平台的位置。

平台水平监测。当平台上荷载发生较大变化时,如套管钻具起拔后集中堆放或下入水中后,平台四周吃水深度会发生改变,平台会在水平方向上产生倾斜。水平监测主要是通过观测布置在平台 4 个角上的水平气泡来监测的,当发生较大倾斜时,可以通过压水舱注水或抽水来平衡荷载变化,保证平台水平。

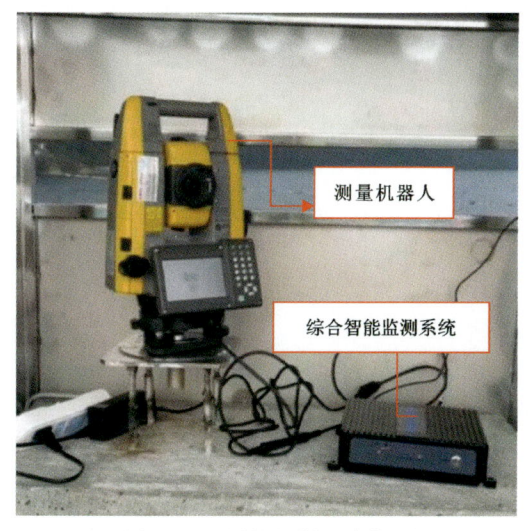

图 2.39 测量机器人实物图

续表 3.4

序号	材料名称	规格型号	单位	数量	备注
45	钻具蘑菇头	Φ89 mm 钻杆提引器×NC38(W)	个	5	98 mm 切口
46	一级套管蘑菇头	Φ89 mm 钻杆提引器×244.5 mm 外丝箍扣	个	2	有拧卸用切口+对穿 Φ24 mm 拧卸孔
47	二级套管蘑菇头	Φ89 mm 钻杆提引器×177.8 mm 外丝箍扣	个	2	有拧卸用切口+对穿 Φ24 mm 拧卸孔
48	垫叉	98 mm 切口	把	2	
49	搬叉	98 mm 切口	把	2	
50	自由钳	89 mm	把	4	
51	自由钳	127 mm	把	4	
52	链条钳	89 mm	把	2	
53	链条钳	127 mm	把	2	
54	链条钳	177.8 mm	把	2	
55	链条钳	244.5 mm	把	2	
56	套管夹板	127 mm	付	2	
57	套管夹板	177.8 mm	付	2	
58	套管夹板	244.5 mm	付	2	
59	套管垫叉	叉内径 180 mm	把	1	叉 177.8 mm 套管接箍
60	套管垫叉	叉内径 248 mm	把	1	叉 245.5 mm 套管接箍
61	套管卡瓦	CMS-XL 9 5/8″	付	2	
62	安全卡瓦	WA-C4 1/2″～5 5/8″	付	2	
63	锁接头提引器	60 t	个	1	

注：1 寸≈3.33 cm；″为英寸。

3.3.2 第一层套管下入和跟管钻进

1. 测水深

计算并确定套管组合的长度和跟管长度节数。套管用来隔离深水和覆盖层，由多根同直径的套管组成。第一次下入长度和钻孔位置水深相同，再往下进入地层后采用跟管下入套管。

2. 直连套管下入

为了减少套管下入和起拔阻力，套管最下部配备了管靴，进入覆盖层部分套管采用公母丝扣直连，套管外壁平滑。为了起下套管方便，设计了专门的套管蘑菇头与提引器适配，具体下入顺序为:蘑菇头单节套管带管靴起吊→取出浮动式夹持器的上层和下层卡瓦→使夹持器上夹持框盒处于油缸行程的中间位→送套管进入孔口→下放→管口至上夹持盒→下入自重式上卡瓦→自重夹持→增加套管安全卡瓦→卸蘑菇头→起吊下一根套管→人工对扣→拧紧→起吊上提少许→松卡瓦→取出卡瓦→下放→坐卡(如此循环)……→加装接箍转换接头→进入接箍式套管串下入程序。

松开卡瓦才能往下放套管,夹紧状态就是防止套管往下掉。上卡瓦为自重式,如果不取出来,松开后卡瓦在重力作用下自动下滑又夹紧套管,所以过程中要取出上卡瓦。下卡瓦是液压的,液压松开后不需要取出。

3. 接箍式隔水套管串下入

因隔水套管在库底泥线以上部分,考虑到套管安全,采用接箍方式连接。下入顺序跟直连套管一样,但不需要使用安全卡瓦,接箍上设置了切口,采用套管垫叉。

4. 碰底识别和操作

当整个套管长度接近水深时,大钩载荷减小和起吊钢丝绳松弛。此时应根据实际情况,调整最上部跟管套管的长度,尽量使套管口能坐持在夹持器卡瓦上。现场配备了大钩称重表和夹持器浮动称重装置(油缸和液压锁之间装有压力表),便于判断下管阻力和跟管阻力。长套管自重较大,依靠自身重力作用可以进入一定深度的覆盖层。当称重显示套管质量小于浮重时,可以判断套管底部已经承受部分质量,说明管靴已经进入了较密实的覆盖层,这时需要启动跟管钻进程序。

5. 跟管钻进程序

第一层套管跟管钻进程序如图 3.5 所示。

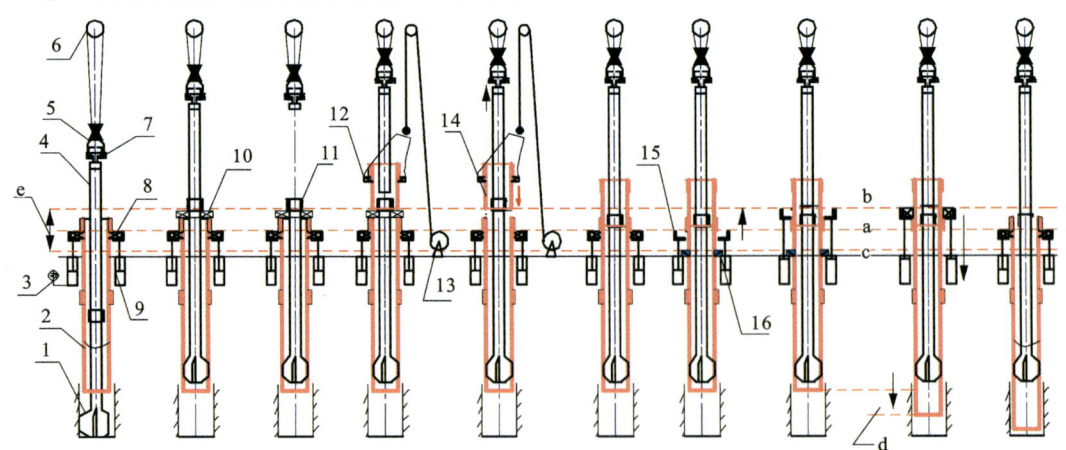

1.双心钻头;2.隔水套管;3.浮重显示表;4.钻具组合;5.大钩;6.天车;7.顶部进水接头;
8.自重式上卡瓦;9.升沉补偿机构;10.垫叉;11.套管夹板;12.套管接箍;13.辅助绞车;
14.套管短接;15.补偿器上夹持器盒;16.下夹持器;a.补偿器中位;b.补偿器上位;
c.补偿器下位;d.跟管加接长度;e.补偿器行程。

图 3.5 第一层套管跟管钻进程序

(1)套管底部提离孔底一段距离,使套管悬坐在上夹持器上→浮动夹持器称重并记录读数→松开大钩→进入钻进状态→钻具组合→下钻具→准备钻进。

(2)钻头下放,至钻头完全露出管靴,开泵造窝钻进→正常钻进→控制大钩绞车送钻→根据钻进速度快慢和套管浮动夹持器称重来确定跟管距离。

(3)当钻进速度较快时,说明地层比较容易钻进,这时候称重重量应该接近浮重,跟管距离可以由现场长套管的长度来确定(如 2.0 m 或 3.0 m)。当钻进速度较慢时,说明地层比较密实,称重重量小于浮重较多,跟管距离可以由现场短套管长度确定(如 0.5 m 或 1.0 m)。

(4)达到跟管距离→循环清孔→上提钻头至套管内→钻杆垫叉坐在套管口→卸掉大钩→卸掉顶部进水接头→辅助卷扬起吊套管短接→钻杆上穿入套管短接,并下滑至套管口钻杆夹持器上→装上顶部进水接头→装上大钩→上拉拉紧大钩(拉住钻杆)→卸掉钻杆垫叉→将套管短接拧紧在套管的上部端口→卸掉短套管夹板→在浮动夹持器下部空间(下夹持器)夹持套管→油缸下行稍许并卸掉浮动夹持器的上夹持器卡瓦→油缸空载上行快接近上止点位置→上夹持器盒中加自重式夹持器并压紧→取出下部夹持器→送套管串下行→ 快到下止点→再加下部夹持器→ 取出上夹持器卡瓦→油缸空载上行→如此循环→跟到位后取出下部夹持器→此时整个套管质量由上夹持器上承担→称重(称重表)→继续钻进→如此循环。

(5)跟管结束时,应保证隔水套管管口坐在上部夹持器卡瓦上,以保障升沉补偿功能的实现。

3.3.3 第二层(或多层)套管下入和跟管钻进

如果地层复杂,则采用第二层套管继续跟管钻进。

1. 二层直连套管下入

第二层套管管靴与套管采用直连方式,直连套管长度按照预计下入地层深度减去第一层套管已下入地层深度,再加少量重合长度,确保第二层接箍套管留在第一层套管内,接箍尽量不进入地层,以减少跟管阻力。上部不跟入地层套管则采用接箍式连接即可。

2. 二层接箍式套管下入

蘑菇头单节起吊(套管上部加接箍)→第二层套管送入隔水套管内(隔水套管头在浮动夹持器上)→下放→套管接箍至隔水套管口→加套管垫叉→起吊下一单节→人工对扣→拧紧→起吊并上提少许→松开并取出垫叉→下放→坐卡(如此循环至孔深)……→进入接箍式套管跟管钻进程序。

3. 跟管钻进程序

第二层(或多层)套管跟管钻进程序如图 3.6 所示。

(1)跟管前:该层套管应处于悬吊状态(用垫叉和安全卡瓦悬挂在第一层隔水套管上并居中)→准备钻进→组合钻具→下钻使钻头超出该层管靴→造窝钻进→正常钻进→根据进尺确定跟管距离。

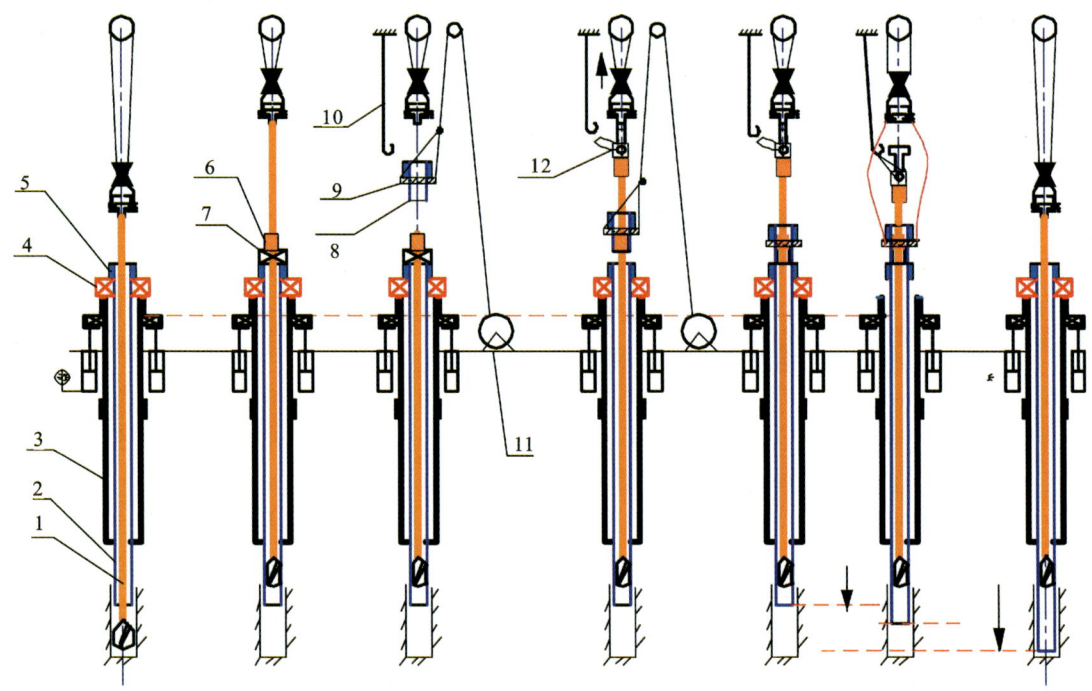

1.钻具组合；2.第二层套管；3.隔水(第一层)套管；4.夹持器；5.二层套管接箍；6.钻杆接头；
7.钻杆垫叉；8.套管短接；9.套管夹板；10.悬挂死绳钩；11.辅助绞车；12.钻具起吊蘑菇头。

图3.6 第二层(或多层)套管跟管钻进程序

(2)跟管时：先充分循环清孔→提拉钻具至套管内，并使钻杆接头处于套管的上部端口之上，便于加垫叉→加钻杆垫叉坐于第二层套管端口上→松开大钩→卸掉大钩→卸掉顶部进水接头→辅助卷扬起吊短套管(套管夹板夹住接箍下台阶，用钢丝绳起吊)→加接的套管短接下滑至该层套管口的钻杆垫叉上→在大钩上加接钻具起吊蘑菇头→上提大钩少许→卸掉钻杆垫叉→加接套管并拧紧→继续上提大钩→将钻具起吊蘑菇头上的钢丝绳挂在死绳钩上(此时钻具质量由死绳承担)→释放大钩→把加接的套管夹板挂绳转挂到大钩上→上提大钩→卸掉该层套管和隔水套管之间的夹持器→由大钩下放套管实现跟管→跟管到位后→将该层套管夹紧，再次坐在隔水套管口→松大钩→游动滑车加提引器上行→装上进水管→下放钻具至套管靴外→继续钻进扩孔→如此循环。

3.4 成孔设备及机具

要解决深水条件下锚固施工技术难题，还要开展配套设备、机具和仪器的研究工作。本书中对泥浆泵、螺杆钻具、双心钻头、套管升沉补偿装置及倾斜度测量装置、进浆管反丝接头等关键设备、机具和仪器进行了研究。

3.4.1 泥浆泵选型

钻探用泵按用途不同分为供水泵、钻孔冲洗用泵、泵吸及气举反循环钻进用泵、冲洗液净化设备中的砂泵等。岩心钻探用泵是指钻孔冲洗用泵,《地质钻探往复式泥浆泵》(DZ/T 0090—2017)中定名为泥浆泵,主要采用往复式泵,在小直径浅孔钻进中也采用回转式螺杆泵。

3.4.1.1 岩心钻探用泵的作用

岩心钻探用泵是从事岩心钻探工作必不可少的设备之一,它的主要作用如下。

(1)在钻孔过程中向钻孔内输送冲洗液。冲洗液在循环过程中,带走孔内的岩粉,保持孔底清洁;冷却钻头、润滑钻具,并增大孔内液柱压力,如冲洗液为泥浆时,在孔壁上能形成薄而致密的泥皮,保持孔壁的稳定。

(2)输送具有能量的液体。这些液体可作为涡轮钻具、螺杆钻具、射流冲击钻具的动力介质,直接驱动这些钻具破碎岩石。

(3)借助泵上的压力表所反映的泵压变化,间接了解孔内钻进的情况。

(4)可为钻探现场供水。

3.4.1.2 钻探工作对泵的要求

钻探工作对泵的要求与钻探工作的条件、性质,钻孔的目的、直径、深度,地层的类型,钻具的结构,钻头的型式等有关。综合主要体现在以下几点。

(1)泵的流量应能在较宽的范围内进行调节。在钻进过程中,孔内循环的冲洗液量与钻孔直径、钻孔深度、地层类型、钻进方法、钻进速度、孔内漏失等因素有关。随着这些因素的变化,冲洗液量也应进行相应地调整。因此泵量调节范围越大,对钻探工作适应性就越强。

(2)在钻进过程中,一旦泵量调定,则要求泵量不随泵压的变化而变化。这是钻探工艺对泵的极为重要的要求,因为在钻孔过程中,泵的压力随钻孔的加深而必然升高。在钻进规程确定后,只有在某一泵量下才能获得满意的钻进效果。如果泵量也随孔深不断变化或出现波动,就会影响孔壁的稳定,降低冲洗液携带岩粉的能力,引起钻具及管路的振动,恶化钻头的工作条件,降低钻进效率,也会影响泵的使用寿命。

(3)泵的压力要能适应钻探工作的需要。在钻孔过程中,孔深是变化的,孔内的情况也是千变万化的。孔深的变化和孔内因多种原因导致的冲洗液循环不畅通,都会引起泵压发生强烈的变化。因此,钻探用泵应保证其压力在一定范围内变化而不影响冲洗液在孔内的正常循环。

(4)泵的工作要可靠,且结构简单、易损件寿命长、维修保养方便。钻探用泵输送的冲洗液多具有研磨性,对活塞产生磨损,缩短泵的使用寿命。泵的运动部件强度要求高、抗冲击性能好。

(5)由于钻探生产的周期短、流动性大,钻探又多在交通不便的山区进行,泵的外形尺寸要小、单件质量要轻、可拆性和搬迁性要好。

3.4.1.3 岩心钻探用泵的类型及技术性能

目前岩心钻探用泵主要采用往复式泥浆泵。往复式泥浆泵根据缸的布置形式不同分为立式和卧式；根据缸数不同分为单缸、双缸、三缸；根据活塞往复一个循环，液缸吸排水的次数分为单作用泵和双作用泵；根据活塞的结构不同分为柱塞式泵和活塞式泵。这些类型的泵在岩心钻探中都有采用，但目前应用最为普遍的是卧式三缸活塞泵。

根据岩心钻探的特点，岩心钻探用泵的泵量一般为 100～300 L/min。泵压一般为 1～10 MPa。表 3.5 列出了我国岩心钻探常用的泥浆泵的主要技术参数。

主要是根据实际需要确定泵量、泵压及泵的功率，从而选择适合的泥浆泵。

1. 泵量的确定

泵量是指泵在单位时间内排出液体的量。在钻孔过程中，泵量应等于钻孔中循环的冲洗液量。冲洗液量是指钻孔无漏失情况下，单位时间内通过孔底和钻杆与孔壁间环状空间上返的冲洗液的体积量。冲洗液量的大小是根据冲洗孔内岩粉和冷却钻头的需要确定的。钻孔冲洗液量要保证孔底岩粉排出干净并能够充分冷却钻头。

根据经验，按照排出孔底岩粉的需要所确定的冲洗液量完全能满足冷却钻头的需要。因此，在实际确定冲洗液量时，以有效排出岩粉作为确定冲洗液量的依据。由此，冲洗液量可由下式计算。

$$Q = \beta F v = \beta \frac{\pi}{4}(D^2 - d^2)v \tag{3-1}$$

式中：Q 为冲洗液量(m^3/s)；β 为上返速度不均匀系数，$\beta = 1.1 \sim 1.3$；F 为钻孔上返环状空间过流断面面积(m^2)；v 为冲洗液上返流速(m/s)；D 为由最大钻头决定的孔径或最大套管内径(m)；d 为钻杆外径(m)。

冲洗液上返的流速 v 必须大于重量最大的岩屑在冲洗液中的沉降速度，即

$$v = v_0 + u \tag{3-2}$$

式中：v_0 为流液使岩屑处于悬浮状态的临界速度(m/s)；u 为岩屑上升速度。根据经验，可取 $u = (0.1 \sim 0.3)v_0$，钻孔越深，钻进速度越快，u 值越大，因此

$$v = (1.1 \sim 1.3)v_0 \tag{3-3}$$

冲洗液使岩屑处于悬浮状态的临界速度等于岩屑在静止冲洗液中的沉降速度，其沉降速度可用下述理论计算方法求出。

假设岩屑为球形，其重力为 G，则有

$$G = \frac{\pi \delta^3}{6} \rho_s g \tag{3-4}$$

式中：δ 为球形岩屑的直径(m)；ρ_s 为岩屑的密度(kg/m^3)；g 为重力加速度(m/s^2)。

球形岩屑在冲洗液中的浮力 P 为

$$P = \frac{\pi \delta^3}{6} \rho g \tag{3-5}$$

式中：ρ 为冲洗液的密度(kg/m^3)。

表 3.5 我国岩心钻探常用的泥浆泵的主要技术参数表

泵的型号	BW-100	BW-120	BW-150	BW-200	BW-200	BW-250	BW-320
类型	三缸单作用活塞泵	单缸双作用活塞泵	三缸单作用活塞泵	双缸双作用活塞泵	三缸单作用活塞泵	三缸单作用活塞泵	三缸单作用活塞泵
泵量/L·min^{-1}	18,23 28,35 43,53 72,90	120	32,38 47,58 72,90 125,150	200 125	102 125 164 200	250,145 90,52,166 96,60,35	320 250 165 118 180 130 92 66
泵压/MPa	5.6,5.6 5.6,5.6 5.5,4.5 3.2,2.5	1.3	7,7,6 4,8,4 3.2,2.3 1.8	3.92 5.88	8 7 6 5	2.45,4.41 5.88,5.88 3.92,5.88 6.86,6.86	4,5 5,8 6,8 9,10
泵缸内径/mm	60	85	70	80,65	70	80,65	80,60
活塞行程/mm	65	85	70	85	100	100	110
活塞往复次数/min^{-1}	38,47 57,70 87,106 147,181	150	47,57 71,86 107,130 183,222	145	107 130 171 209	200,116 72,42,200 116,72,42	214 153 109 78
皮带轮直径/mm	无皮带轮	270	无皮带轮		410(节径)	410(节径)	480(节径)
驱动功率/kW	5.5	4.4	7.35	15	23.53	15	30

续表3.5

泵的型号	BW-100	BW-120	BW-150	BW-200	BW-200	BW-250	BW-320
吸水管内径/mm	45	32	45	76	53	76	76
排水管内径/mm	32	25.4	32	51	28	51	51
调节流量方式	变速箱改变往复次数		变速箱改变往复次数	四级变速箱改变往复次数	更换缸套	四级变速箱改变往复次数或更换缸套	四级变速箱改变往复次数或更换缸套
外形尺寸/(mm×mm×mm)	1840×835×840	900×700×920	2050×625×986	1000×995×650	1050×630×820	1000×992×650	1905×1100×1200（带电机）
质量/kg	314（不含动力机）	140（不含动力机）	516（含动力机、电机）	520	300	500	1000（含电机）

岩屑在冲洗液中的沉降阻力(R)为

$$R = Cf\frac{v_0^2}{2}\rho = C\frac{\pi}{4}\delta^2\frac{v_0^2}{2}\rho \tag{3-6}$$

式中:C 为阻力系数,与岩屑的形状、液体的流态和黏度等有关;f 为岩屑的受阻面积,即垂直于下沉运动方向的岩屑横截面面积(m^2)。

当 $G > P$ 时,岩屑下降,速度逐渐增大,R 值也随之增大。当 R 值大到足以使作用在岩屑上的3种力保持平衡时,即 $R = G - P$,岩屑将以恒速 v_0 下降。将式(3-4)、式(3-5)、式(3-6)带入平衡方程式中,则有

$$C\frac{\pi}{4}\delta^2\frac{v_0^2}{2}\rho = \frac{\pi}{6}\delta^3(\rho_s - \rho)g \tag{3-7}$$

由上式可得出岩屑的沉降速度为

$$v_0 = \sqrt{\frac{4g}{3C}\cdot\frac{\delta(\rho_s - \rho)}{\rho}} = k\sqrt{\frac{\delta(\rho_s - \rho)}{\rho}} \tag{3-8}$$

式中:k 为岩屑的形状系数,圆形岩屑 $k = 4 \sim 4.5$,不规则形状岩屑 $k = 2.5 \sim 4$。k 值取决于 C 值,由于 C 值的取值范围不够准确,故该式计算结果与实测值相差较大。

为了比较准确地确定阻力系数,科研工作者进行了大量的试验,得出了阻力系数与流体的雷诺数(R_e)有关的结论。不同区域雷诺数的液体有不同的阻力系数,进而有不同的沉降速度。现将不同雷诺值的沉降速度计算方法介绍如下。

(1)$R_e \leqslant 1$、$C = 24/R_e$ 时,在此值范围内,物体在液体中所受的阻力主要是黏性摩擦阻力。因为

$$R_e = \frac{v_0\delta\rho}{\eta} \tag{3-9}$$

式中:η 为液体的动黏度($Pa \cdot s$)。

所以

$$C = \frac{24\eta}{v_0\delta\rho} \tag{3-10}$$

将 C 值代入式(3-6)中,得到物体在液体中的沉降阻力

$$R = 3\pi\eta\delta v_0 \tag{3-11}$$

当岩粉颗粒在静止液体中匀速下沉时:

$$3\pi\eta\delta v_0 = \frac{\pi}{6}\delta^3(\rho_s - \rho)g \tag{3-12}$$

由此可得

$$v_0 = \frac{\delta^2(\rho_s - \rho)g}{18\eta} \tag{3-13}$$

此公式即为沉降速度的斯托克斯公式。

(2)$1 \leqslant R_e \leqslant 500$,$C = \dfrac{10}{\sqrt{R_e}}$ 时,在此值范围内,物体在液体中受到的阻力为黏性摩擦阻力和压差阻力。

$$\begin{cases} C = 10\sqrt{\dfrac{\eta}{v_0 \delta \rho}} \\ R = 1.25\pi\sqrt{\eta \delta^3 \rho v_0^3} \\ v_0 = 1.196\delta^3\sqrt{\dfrac{(\rho_s - \rho)^2}{\eta \rho}} \end{cases} \tag{3-14}$$

(3)$500 \leqslant R_e \leqslant 2 \times 10^5$、$C=0.44$ 时,在此值范围内,物体在液体中的沉降阻力主要是压差阻力。

$$\begin{cases} C = 0.44 \\ R = 0.55\pi \delta^2 \rho v_0^2 \\ v_0 = 5.45\sqrt{\dfrac{\delta(\rho_s - \rho)}{\rho}} \end{cases} \tag{3-15}$$

将岩屑假定为球形来进行分析,而实际钻孔内的岩屑多为不规则的形状,所以根据上述3种 R 值,不同区域值计算的结果与实测值有一定的差距。根据实验结果得出,使用不同类型的钻头时,冲洗液的合理上返速度列于表3.6中,可供确定泵量时参考。

表3.6 冲洗液合理上返速度

钻头类型	冲洗液上返流速/(m·s^{-1})	
	清水	泥浆
金刚石钻头	0.5～0.8	0.4～0.5
硬质合金钻头	0.25～0.6	0.2～0.5
三牙轮钻头	0.6～0.8	0.4～0.6
刮刀钻头和矛式钻头	0.6～1	0.6～0.8

注:钻头转速快、钻速高,上返取值就大。

2. 泵压的计算

泵压是指泵的排出口的表压力。岩心钻探用泵的泵压是冲洗液流经钻孔冲洗循环系统受到各种阻力而产生的,因此,泵压就等于冲洗液流经循环系统各处损失的压力之和。可用下式计算。

$$p = \beta(p_1 + p_2 + p_3 + p_4) \tag{3-16}$$

式中:β 为附加阻力系数,由于冲洗液中带有岩粉使冲洗液密度提高而增加的压力损失,$\beta = 1.1$;p_1 为冲洗液流经钻杆内的压力损失(Pa);p_2 为冲洗液流经钻杆与孔壁间环状空间的压力损失(Pa);p_3 为冲洗液流经钻杆接头的压力损失(Pa);p_4 为冲洗液流经岩心管及钻头内外的压力损失(Pa)。

各部分压力损失的确定方法如下。

(1)冲洗液流经钻杆中的压力损失。计算公式如下。

$$p_1 = \lambda_1 \gamma \dfrac{L_1}{d_1} \dfrac{v_1^2}{2g} = 0.80 \lambda_1 \rho \dfrac{L_1 Q^2}{d_1^5} \tag{3-17}$$

式中,γ 为冲洗液的密度,N/m³;λ_1 为阻力系数,见表 3.7;L_1 为钻杆柱总长度(m);ρ 为冲洗液的密度(N/m³)。

表 3.7 不同液体不同流态的阻力系数 λ_1

流体	流态	λ_1	R_e
牛顿	层流	$\dfrac{64}{R_e}$	$\dfrac{v_1 d_1 \gamma}{\eta g}$
	紊流	$\dfrac{0.0121}{d_1^{0.226}}$	—
宾汉	层流	$\dfrac{64}{R_e}$	$\dfrac{v_1 d_1 \gamma}{g\left[\eta_p + \dfrac{\tau_0 d_1}{6 v_1}\right]}$
	紊流	0.02	—

注:η 为动力黏度(Pa·s);η_p 为塑性黏度(Pa·s);τ_0 为动切力(Pa);d_1 为钻杆内径(m);v_1 为冲洗液在钻杆内的流速(m/s);g 为重力加速度,取 9.81m/s²。

如果考虑地面管路或孔内有钻铤部分的压力损失,也可采用上述方法进行计算。

(2)冲洗液流经钻杆与孔壁间环状空间的压力损失。此部分的压力损失仍可按照达西公式计算。

$$p_2 = \lambda_2 \frac{L_2}{D-d} \cdot \frac{v_2^2}{2g} = 0.81 \lambda_2 \rho \frac{L_2 Q^2}{(D-d)^2 (D+d)^2} \tag{3-18}$$

式中:λ_2 为阻力系数,见表 3.7;D 为钻孔直径或套管内径(m);v_2 为冲洗液上返流速(m/s);d 为钻杆外径或接箍和锁接箍的外径(m);L_2 为钻孔深度(m);Q 为冲洗液量(m³/s);g 为重力加速度,9.81m/s²。

(3)冲洗液流经钻杆接头的压力损失。冲洗液在钻杆接头内的压力损失是局部阻力损失,其计算公式为

$$p_3 = \zeta \frac{L}{l} \cdot \frac{v_3^2}{2g} = 0.81 \zeta \rho \frac{L Q^2}{l d_2^4} \tag{3-19}$$

$$\zeta = \alpha \left[\left(\frac{d_1}{d_2}\right)^2 - 1\right]^2 \tag{3-20}$$

式中:ζ 为局部阻力系数,见表 3.8;α 为经验系数,$\alpha=2$;d_1 为钻杆内径(m);d_2 为接头或接箍的内径(m);l 为单根钻杆长度(m);v_3 为冲洗液在接头内的流速(m/s)。

表 3.8 不同流体不同流态的阻力系数 λ_z

流体	流态	λ_z	R_e
牛顿	层流	$\dfrac{96}{R_e}$	$\dfrac{v_2 (D-d) \gamma}{\eta g}$
	紊流	0.024	—
宾汉	层流	$\dfrac{96}{R_e}$	$\dfrac{v_2 \gamma (D-d)}{g\left[\eta_p + \dfrac{\tau_0 (D-d)}{6 v_2}\right]}$
	紊流	0.02	—

注:表中字母含义见表 3.7 注解。

(4)冲洗液流经岩心管及钻头内外的压力损失。这部分压力损失包括冲洗液流经岩心管及岩心间环状空间的压力损失、冲洗液流经钻头产生折转改变方向时的压力损失,以及流经岩心管与孔壁间环状空间的压力损失,多种实验方法得出或取经验数据。一般单管取心钻进的各项损失之和为$(5\sim12)\times10^4$ Pa。

3. 泵功率

泵量和泵压确定后,泵的输出功率(即有效功率)(N_e)可用下式计算:

$$N_e = pQ \tag{3-21}$$

式中:p 为泵压,即循环系统总的压力损失(Pa);Q 为泵量,即冲洗液量(m^3/s)。

如考虑泵内的各种功率损失及一定的功率储备,则泵的驱动功率(N)可按下式计算

$$N = \eta_1 \eta N_e = \eta_1 \eta pQ \tag{3-22}$$

式中:η_1 为功率储备系数,$\eta_1 = 1.1\sim1.5$;η 为泵的效率,一般 $\eta = 0.6\sim0.9$。

通过泵的流量、泵压以及泵的功率,来确定实际工程中泥浆泵的选型。

三板溪低温水治理项目锚固钻孔工程中选用了两种螺杆钻具,规格为7LZ135X7.0L-5 和 5LZ120X7.0L-4,根据螺杆钻具需要的泵量和压降,结合孔内岩粉上返流速需要的泵量和压力等,对泥浆泵进行优选。泥浆泵是地质勘探主要配套设备之一,其主要作用是在岩心钻探过程中向钻孔内供给冲洗液(泥浆或清水),使之在钻孔中循环,以达到携带岩屑返回地表面,保持孔底干净并冷却和润滑钻头及钻具、保护孔壁防止垮塌,以及帮助钻进等目的。根据需求,选用四缸 BW1500/12 型泥浆泵,结构图如图 3.7 所示。该泵为卧式四缸往复单作用活塞泵,由泵体组、箱体组、皮带轮、空气室、安全阀、底架等部件组成。该泥浆泵与螺杆钻具配套使用,作为孔底动力钻进配套用泵,具有运转平稳、流量变化范围广、输出压力较高、易损件寿命较长、性能稳定等特点。表 3.9 是四缸 BW1500/12 型泥浆泵技术参数表。

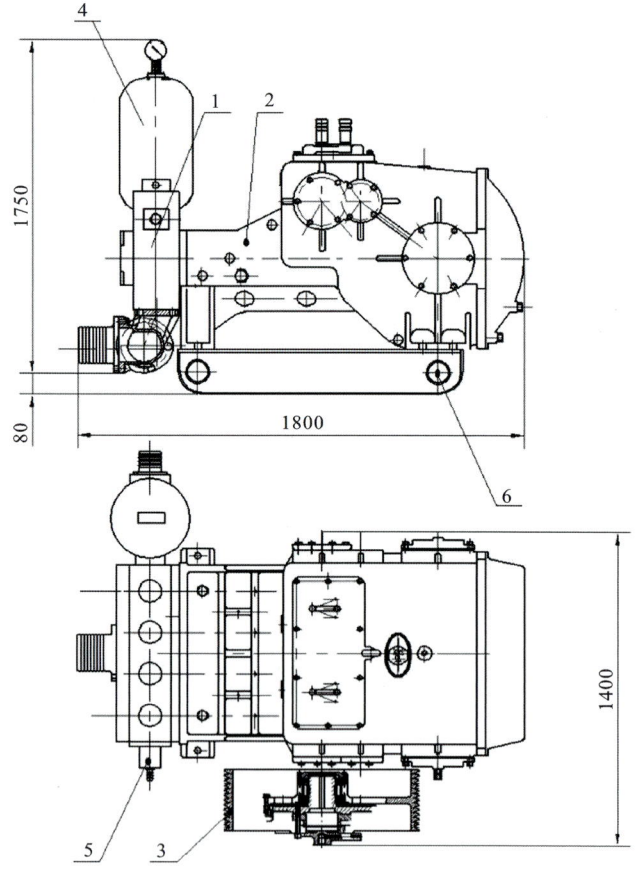

1.泵体组;2.箱体组;3.皮带轮;4.空气室;5.安全阀;6.底架。

图 3.7 四缸 BW1500/12 型泥浆泵结构图(单位:mm)

表3.9 四缸BW1500/12型泥浆泵技术参数表

行程/mm	缸径/mm	泵速/(次·min^{-1})	流量/(L·min^{-1})	压力/MPa	输入速度/(r·min^{-1})	进水管直径/mm	排水管直径/mm	动力/kW
150	153	136/98	1500/1080	8/12	300	152	89	185

3.4.2 套管组合

套管用以加固钻孔中的不稳定孔壁,还可用来将一些地层与另一些地层隔离开。岩心钻探中最常用的套管柱是将外表光滑的无缝套管用平接头连接起来。平接头连接的无缝套管及套管平接头的尺寸见表3.10。

表3.10 平接头连接的无缝套管及套管平接头的尺寸

套管外径/mm	套管壁厚/mm	平接头外径/mm	平接头内径/mm	镗孔(旋孔)直径/mm	外部镗孔直径/mm	外螺纹镗孔长度/mm	全剖面内外螺纹长度/mm	套管长度/mm	1 m光滑套管的理论质量/kg	一个平接头的理论质量/kg
44.0	3.5	44.0	34.0	40.5	38.8				3.50	0.7
57.0	4.5	57.0	46.0	52.5	50.0	40	36	1500~4500	5.83	1.0
73.0	5.0	73.0	62.0	69.0	66.5				7.40	1.3
89.0	5.0	89.0	78.0	85.5	82.5				10.36	1.7
108.0	5.0	108.0	95.5	103.5	101.0				12.70	2.4
127.0	5.0	127.0	114.5	122.5	120.0	40	56	1500~6000	15.40	2.6
146.0	5.0	146.0	134.0	141.5	139.0				17.39	2.8

浅孔钻进时,小直径套管常常不用平接头连接。平接头采用公母扣连接方式,套管的一端车有外螺纹,而另一端车有内螺纹,套管与套管直接连接。制成的套管长度为2.5~4.5 m。套管的弯曲度应在下列范围内:①对于直径是44~89 mm的套管为1 mm/1.5 m;②对于直径是108~146 mm的套管为1 mm/1 m。

套管螺纹形式多为梯形螺纹。螺纹斜面尖顶角为10°,螺距为4 mm,螺纹高度为0.75 mm,直接连接的套管螺纹高度为0.65 mm。

套管附属器具:为了把套管在孔内悬挂起来,使用夹板和卡台。

用卡台悬挂套管比较方便。卡台由带有内锥孔的壳体组成,内锥孔内置有与套管尺寸相应的可卸锥形环,锥形环内置有卡住套管的卡瓦。

使用两个铰链或3个铰链的自由钳来拧卸套管,每一个自由钳都可拧卸两个尺寸的套管。

水上钻孔与陆上钻孔不同,水上钻孔作业前需先下入隔水套管,套管组合包括直连式套管($L=4.5$ m)、双公接箍式套管($L=4.5$ m)、短套管($L=1$ m 或 $L=0.5$ m)、接箍、管靴等,如图3.8所示。其中跟入地层套管采用直连式套管,不跟入地层套管采用双公接箍式套管,跟管钻进阶段接管采用短套管。

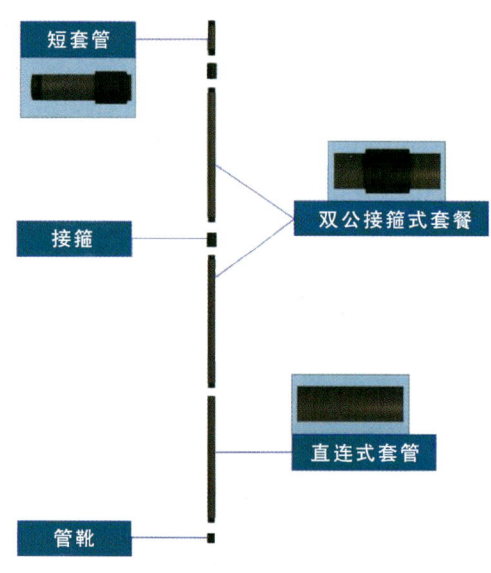

图 3.8　套管组合

(1)套管规格。为满足深水复杂地层钻进需要,为钻进施工创造良好的孔内施工环境,减小由于孔壁坍塌、漏失造成的施工难度,使用双层套管隔离覆盖层。根据钻孔孔径需要,选择的一层套管和二层套管规格分别为 $\varPhi244.50$ mm、$\varPhi177.80$ mm。表 3.11 是套管规格参数表。

表 3.11　套管规格参数表　　　　　　　　　　　　　　　　　　　　　　单位:mm

套管名称	套管外径	套管内径	壁厚
一层套管	244.50	216.82	13.84
二层套管	177.80	159.42	9.19

(2)套管材质。套管材质采用的 API 标准的 N80 钢级材料,材质屈服强度 552～758 MPa,抗拉强度≥689 MPa,由于套管主要作用是护壁,基本不参与钻进施工,因此套管主要的受力形式为拉应力,N80 钢级为 Mn 系的合金钢管材系列,其强度完全能够满足深水无侧限的要求。

(3)螺纹连接形式。根据施工工艺要求,对 $\varPhi244.50$ mm 和 $\varPhi177.80$ mm 两种口径套管均采用了两种螺纹设计形式,一种采用 API 带接箍形式的套管连接,螺纹采用标准的 API LC 螺纹,如图 3.9 所示,每英寸 8 扣的锥度三角形螺纹,该螺纹的结构特点是连接刚性强,密封性能好,不易脱扣。另一种是适用于跟入地层的直连式套管,套管两端为公母螺纹,直接连接。

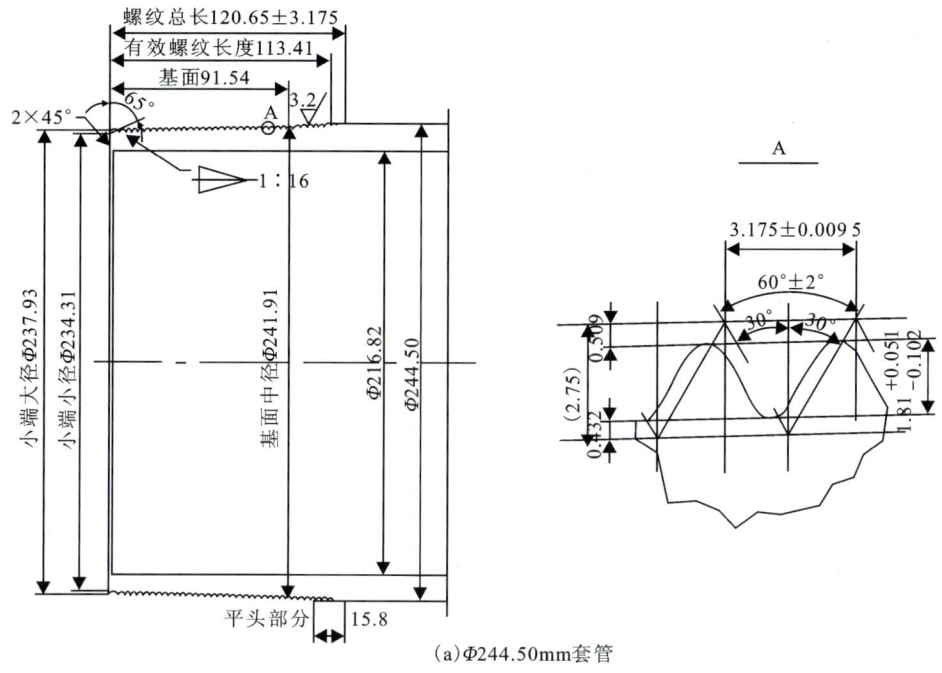

(a) $\Phi 244.50mm$ 套管

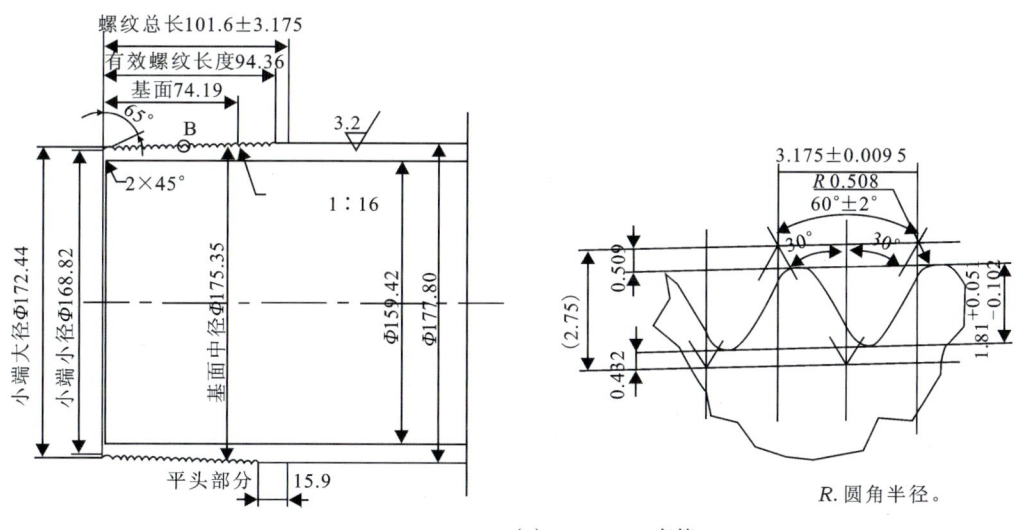

(b) $\Phi 177.80mm$ 套管

图 3.9 套管 API LC 螺纹（单位：mm）

为了充分利用管材的壁厚空间，既保证套管的连接性能又保证螺纹的连接强度，因此采用梯形大螺距螺纹，如图 3.10 所示，在保证套管方便拧卸的同时也能保证螺纹的密封性能，从而达到良好的隔水效果。

此外，为了防止套管内的钻杆与之摩擦的反作用力，防止松扣现象，无论是锥度 API 螺纹还是直连式梯形螺纹，两种口径套管均采用左旋螺纹。

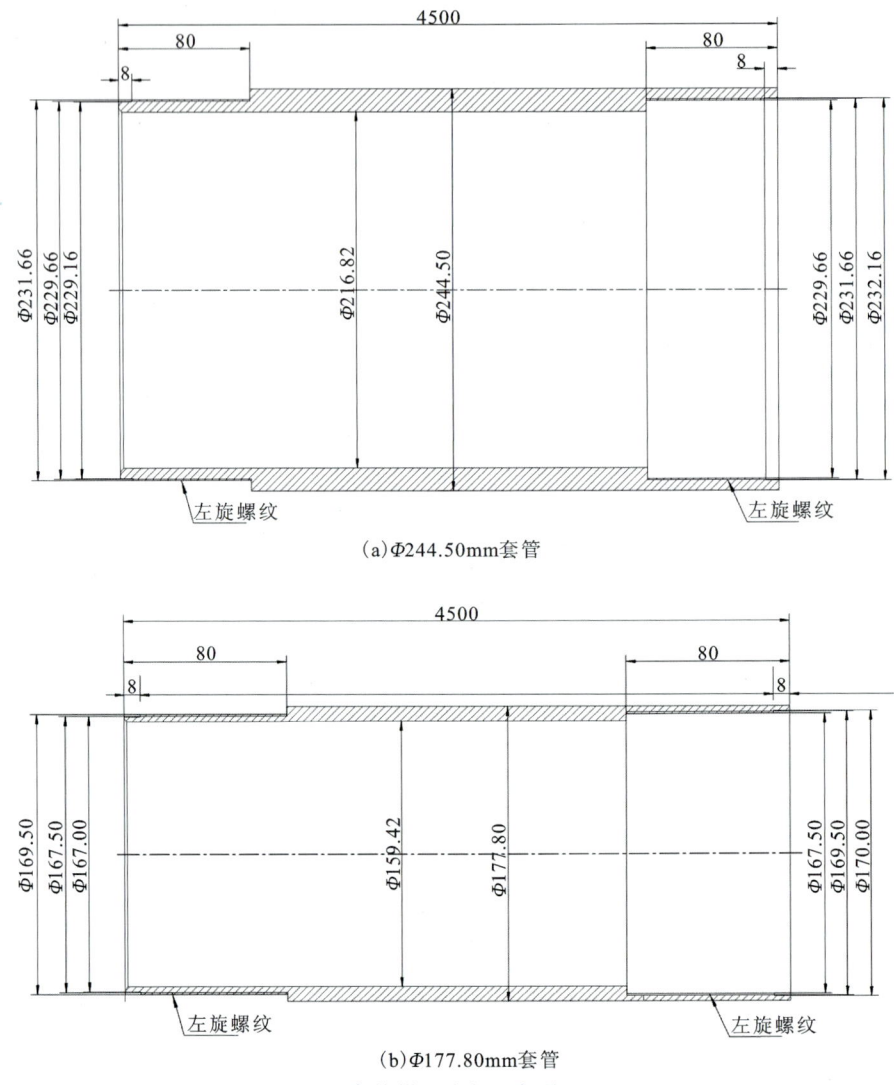

(a) Φ244.50mm套管

(b) Φ177.80mm套管

图 3.10 套管梯形大螺距螺纹（单位：mm）

3.4.3 钻具组合

钻具组合从上而下包括水龙头、钻杆、钻铤、螺杆钻具、钻头等（图 3.11）。

1. 钻杆

钻杆采用 89～127 mm（NC38）高抗扭性能钻杆，单根长度 4.5 m。材料采用 S135 钢级的优质合金无缝钢管，管体端部加厚保证有足够的焊接面积，通过摩擦焊接形式将带有螺纹的接头进行连接，焊缝进行相应的热处理，使焊缝强度不低于管材本体强度，保证钻杆整体使用性能。螺纹结构形式是在 API 标准螺纹结构形式的基础上，增加公母螺纹的子口台阶长度，实现双顶抗扭的增力效果，使其抗扭能力比普通的 API 连接螺纹能力提高 20% 以上，使其能

3 深水复杂地层成孔

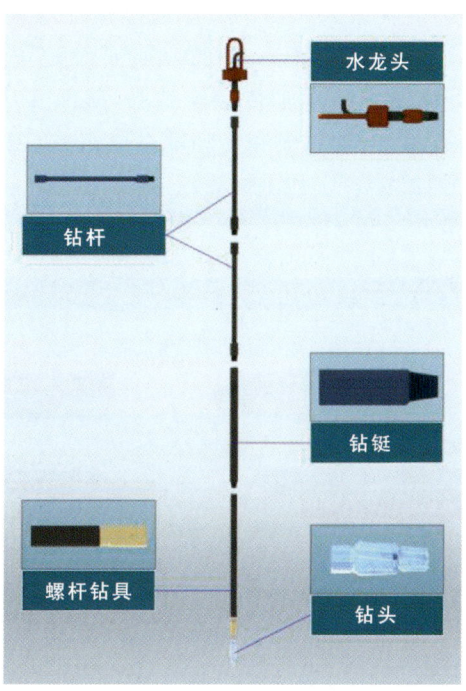

图 3.11 钻具组合

够承受更高的抗拉及抗扭能力,满足钻进施工要求。图 3.12 是钻杆结构图。

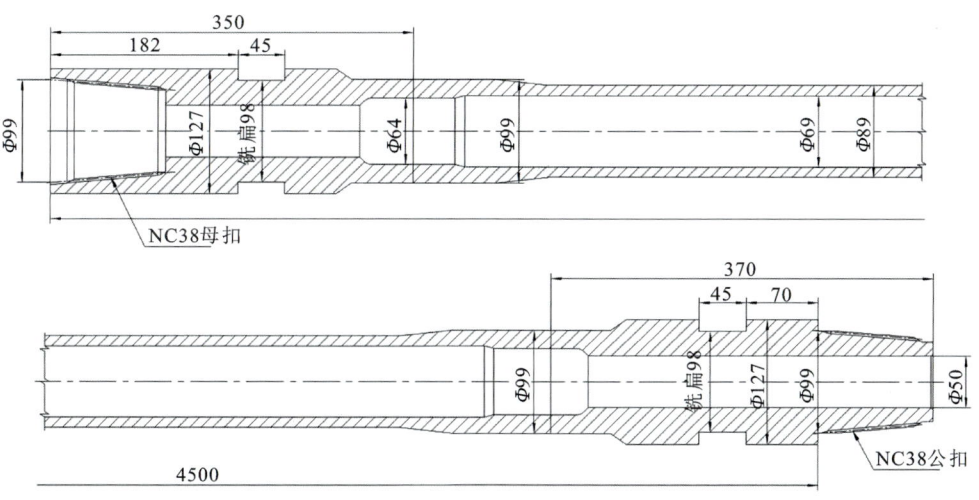

图 3.12 钻杆结构图(单位:mm)

2. 螺杆钻具

在水上钻孔作业中,传统钻机由于体积大、自重大,使船体的有效载荷减少,安全性降低;小型钻机自身质量小,但提升大深度套管的能力有限,均不适合在深水区域进行高效安全的钻孔施工。针对此问题,研究去钻机化设计,平台不设回转器,不安装钻机,采用螺杆钻具配合泥浆泵为钻孔作业提供动力。泥浆泵泵出的浆液通过钻杆进入螺杆钻具内,经旁通阀进入螺杆马达,在马达的进、出口形成一定的压力差,推动转子绕定子的轴线旋转,动能转化为机械能,并将转速和扭矩通过万向轴与传动轴传递给钻头,从而实现钻孔作业。螺杆钻具由旁通阀总成、防掉总成、马达总成、万向轴总成和传动轴总成组成,图3.13是螺杆钻具结构图。

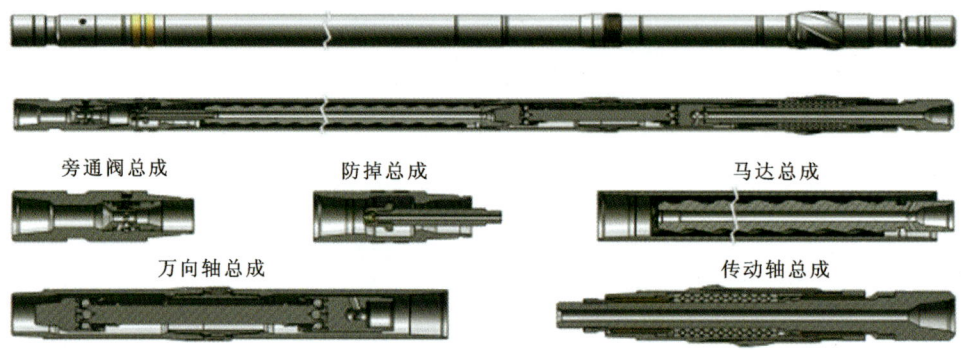

图 3.13　螺杆钻具结构图

根据深水地锚钻孔需求,选用5LZ120X7.0L-4和7LZ135X7.0L-5两种型号的螺杆钻具,相关技术参数见表3.12。

表 3.12　两种螺杆钻具技术参数表

型号	5LZ120X7.0L-4	7LZ135X7.0L-5
外径尺寸/mm	120	135
头数	5∶6	7∶8
级数	4	5
长度/mm	6311	7020
钻头尺寸范围/mm	149～200	149～200
连接上端母扣	3 1/2 IF	3 1/2 IF
连接钻头母扣	3 1/2 REG	3 1/2 REG
流量范围/L·min^{-1}	568～1136	568～1514
转速比/(r·L^{-1})	0.208 6	0.138 7
钻头转速范围/(r·min^{-1})	118～237	79～210
工作压力降/MPa	3.2	4.0
最大工作压降/MPa	4.52	5.65
输出扭矩/(N·m)	1954	3667
最大输出扭矩/(N·m)	2760	5180
最大功率/kW	62	112
推荐钻压/kN	49	49
最大钻压/kN	100	100

3.4.4 钻头

3.4.4.1 覆盖层钻进钻头

在深水复杂地层钻进过程中,套管要跟进覆盖层,传统的锤击跟管效率低且易折断套管。针对此问题,研制了一种双心钻头,钻头通径比套管内径小,钻出的孔径又比套管外径大。

双心钻头是指能通过一个较小的孔眼或套管段后而钻出一个比通径大的孔眼的钻头。双心的含义是指钻头有两条中心轴线,即钻出孔眼的中心轴线和正常通径的孔眼轴线。双心钻头主要用于扩眼。图 3.14 是双心钻头结构图。

双心钻头的领眼部分和扩眼翼明显分开,可以作为两个部分。双心钻头的切削刃一般是 PDC 切削块,主要用于软地层,其偏心度较大(最大可钻出比通径大 50.8 mm 的孔眼)。

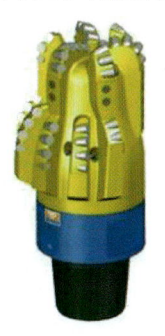

图 3.14 双心钻头结构图

双心钻头几何参数一般由 4 个基本尺寸组成,如图 3.15 所示。钻孔半径 R,等于图中 OB 长;通径半径 N,等于图中 AB 长;领眼钻头的半径 r,等于图中 OD 长;扩眼翼弧度,等于图中 β 角对应弧长的两倍。

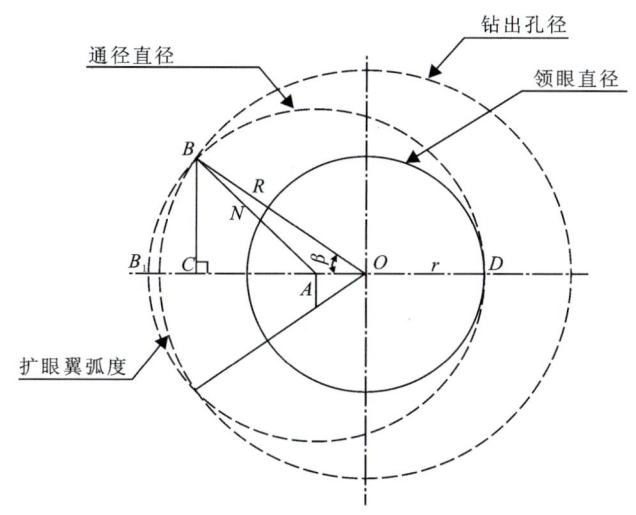

图 3.15 双心钻头几何参数图

由图 3.15 可知:$OD=AD+AC-OC$,即

$$r = N + \sqrt{N^2 - (R\sin\beta)^2} - R\cos\beta \tag{3-21}$$

式中:r 为领眼半径(mm);N 为通径半径(mm);R 为钻孔半径(mm);β 为扩眼翼角度(°)。

钻头偏心度 AO:

$$e = N - r \tag{3-22}$$

式中:e 为钻头偏心度(mm);N 为通径半径(mm);r 为领眼半径(mm)。

一般通径半径 N、钻孔半径 R 和扩眼翼角度 β 都是已知的,这样便可求出领眼半径 r。当领眼钻头的直径已知,可按式(3-23)求出扩眼翼角度,再换算为弧度。

$$\cos\beta = \frac{N^2 - R^2 - (N-r)^2}{2R(N-r)} \tag{3-23}$$

项目选用 212～250 mm 规格的双心钻头与 Φ244.50 mm 套管配套,选用 155～183 mm 规格的双心钻头与 Φ177.80 mm 套管配套。

3.4.4.2 基岩钻进钻头

当双心钻头穿过覆盖层时,换用 PDC 钻头或牙轮钻头进行基岩钻进。

PDC 钻头在钻压和扭矩的作用下,PDC 复合片吃入地层,充分利用复合片极硬、耐磨、自锐的特点,主要以切削、剪切和挤压方式破碎岩石,具体方式取决于钻头的切削结构及所钻地层的岩性。适用地层:软到中硬的均质地层。

牙轮钻头在钻压和钻柱旋转的作用下,牙齿压碎并吃入岩石,同时产生一定的滑动而剪切岩石。当牙轮在孔底滚动时,牙轮上的牙齿依次冲击、压入地层,可以将孔底岩石压碎一部分,同时靠牙轮滑动带来的剪切作用削掉牙齿间残留的另一部分岩石,使孔底岩石全面破碎。牙轮钻头一般使用硬质合金齿,在旋转时冲击、压碎和剪切破碎岩石。适用地层:软、中、硬的各种地层。

三板溪水电站低温水治理工程深水地锚布置区岩性为灰色变余凝灰质粉细砂岩,局部夹变余凝灰岩和砂板岩等,基岩风化较浅,多呈弱风化至微风化,断层、节理裂隙发育,因此基岩钻进选择 Φ152 mm 牙轮钻头。图 3.16 是牙轮钻头结构图。

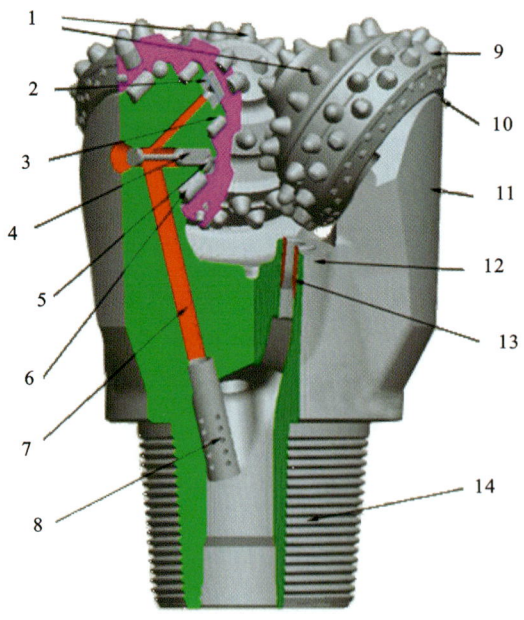

1.合金齿;2.止推轴承;3.小轴承;4.塞销;5.锁紧轴承;6.大轴承;7.长气孔;
8.挡渣管;9.牙轮;10.掌尖;11.掌背;12.喷孔;13.喷嘴;14.连接螺纹。

图 3.16　牙轮钻头结构图

3.4.5 钻机

钻探设备通常包括钻机、泥浆泵、钻塔、附属设备及动力机等。钻机是钻探设备的核心，深孔岩心钻探一般动力储备系数较大，即俗称"大马拉小车"模式，可根据钻探目的、工艺方法和施工地形地貌等情况进行选择。根据钻塔施工环境和目标任务的需要，可选择多脚塔、桅杆或桅架式钻塔，如图 3.17 和图 3.18 所示。针对深孔钻探工期长，提下钻次数多，在地表环境条件允许的情况下，应采用高 18~23 m 或更大型的钻塔，斜孔应选用直斜两用钻塔。

图 3.17　立轴钻机与四脚塔配套的钻进系统　　图 3.18　塔机一体式全液压钻进系统

动力机的功率及型号应依照钻机、泥浆泵及其他附属设备等的要求配置，深孔钻探设备优先采用电力驱动。缺电地区可建立发电站集中供电或用发电机组单机供电；供电困难的偏远地区可使用柴油机驱动；高海拔地区应适当增加柴油机功率。

配套泥浆泵应根据钻探方法、钻机类型、钻孔结构及钻探工艺要求配套。选配附属设备，包括拧管机（液压钳）、泥浆搅拌机、泥浆固控设备、活动工作台、小型发电照明设备等。深孔岩心钻探设备常配有孔底压力指示表、泵压表，推荐配备扭矩表、转速表、冲洗液流量表或钻孔多参数仪，电力驱动应有电压表、电流表和功率表等。

深孔岩心钻机的传动类型主要有机械式、全液压式和电驱动式 3 种，目前常用的是机械式和全液压式。立轴式钻机采用机械传动、液压控制，属于机械式岩心钻机。变频电驱动是目前发展的主流方向，其与机械传动、液压传动的对比分析如表 3.13 所示。

表 3.13　传动形式的对比分析

性能	机械传动	液压传动	变频电传动
传动效率	中	差	优
动力能耗	中	差	特优
控制方式	差	优	特优

续表 3.13

性能	机械传动	液压传动	变频电传动
调速特性	差	优	优
扭矩控制	差	优	特优
过载能力	优	差	特优
维护保养	优	差	优
环境敏感	优	差	优
综合评判	3优2中3差	3优5差	8优(含特优),推荐选择

立轴钻机的优点是结构简单,维修方便,其缺点是给进行程短。由于立轴钻机给进行程短,需要经常停钻倒杆,钻进过程需要人为中断,更容易造成岩心堵塞、孔壁掉块等。自动送钻一个至关重要的条件是需要钻机具备长行程给进功能,而立轴钻机是很难实现长行程给进的。通过对表3.14中所列几种给进模式的对比分析可以看出:各种给进和送钻方式各有优劣,应扬长避短。立轴钻机钻进系统的优化升级,浅部实现加压钻进采用油缸加压,深部钻进采用卷扬机自动送钻减压钻进,在中深地层两种方式可优化选择,自动送钻将逐步替代手动送钻。

表 3.14 几种给进模式的对比分析

模式	立轴油缸	动力头油缸	手动送钻	自动送钻
精度控制	优	优	差	优
加压钻进	优	优	差	弱
独立传动	差	差	优	优
行程长短	差	优	优	特优
起升能力	稍弱	弱	优	优
承力结构	优	差	优	优
操控性能	优	优	差	优
卡盘能力	弱	弱	优(无卡盘)	优(无卡盘)
综合评判	4优3差	4优3差	4优3差	6优1差

动力头钻机其实就是移动回转器式钻机,是在吸取了立轴式岩心钻机和转盘式岩心钻机结构的优点基础上发展而来的,移动式回转器的驱动方式有两种:一种是将液压马达直接安装在回转器上,随回转器一起上下移动,这种回转器常被习惯地称为液压动力头。另一种是将动力机安装在机架上,不随回转器移动,动力通过长传动轴输入回转器,这种回转器为机械动力头。回转器可以在给进机构带动下沿桅杆(或导向架)移动,并可进行加减压钻进。石油钻孔顶驱也是一种移动回转器,但其在石油钻孔设备中是一个独立的单元,钻进时顶驱悬挂在大钩上,沿导轨上下移动,提供回转功能,不用时可以拆除。移动式回转器有以下结构特点:

(1)回转器可沿桅杆移动,导向性较好且实现了长行程给进,不仅大幅度增加了纯钻进时间,还由于钻进过程连续,可大幅度减少孔内事故发生的概率并提高岩心采取率。

(2)回转器与孔口夹持器配合可实现拧卸管,此种结构简化了钻机的结构及配套装置。

(3)由于多数动力头回转器式钻机升降机构即为给进机构,且给进导向架采用油缸起落的形式,不需单独配用笨重钻塔,方便钻进角度调整及钻机移动搬迁,减少了辅助作业时间,工作效率高。

移动式回转器采用最多的是液压动力头的形式。所谓全液压式动力头钻机是指钻机的回转、给进和升降钻具等均用液压驱动,液压马达直接安装在回转器上,回转器可沿桅杆做长距离移动。发达国家中立轴式岩心钻机已经被宝长年、阿特拉斯等少数跨国企业研制的全液压式动力头钻机所取代,立轴式岩心钻机占比很小。许多国家由于在资金、技术方面依赖和受制于西方国家,亦大量接受使用了全液压式动力头钻机,全液压式动力头钻机已经占据主流。近年来国内全液压式动力头钻机应用逐渐增多,但立轴式岩心钻机仍占据绝对主流。

全液压式动力头钻机具有以下特点:

(1)可实现长行程钻进。立轴式岩心钻机每个行程进尺一般只有 0.5~0.8 m,一个回次中要倒杆 3~5 次,易造成岩心断裂,增加岩心堵塞、磨耗概率,岩心采取质量不高。在破碎等复杂地层,影响尤为明显。通常情况下全液压式动力头钻机的岩心采取率和岩心质量要优于立轴式岩心钻机。

(2)钻机过载保护性能好,回转及给进可实现无级调速。钻机回转速度调节范围大,启动平缓,可有效减少孔内钻柱共振,回次钻进过程中工作平稳。

(3)钻机工作过程中的所有动作均由液压系统中的液压元件完成,钻进工况稳定,规程参数控制稳定、钻压可精确控制,可根据地层条件、机具情况优选钻进参数,较好地满足钻探工艺要求。如钻机使用桅杆、桅架,可方便地施工大斜度地面钻孔,立轴式岩心钻机施工大斜度地面钻孔时往往需要改进钻塔结构。

(4)钻机集成度高,司钻不用操作钻机卷扬机刹把,而是使用液压手柄,劳动强度大大降低,加之配套使用拧管机或液压钳,钻场工人的劳动强度亦可减轻,较为人性化,大大减轻了操作者的劳动强度并减小了操作人员数量,每班编制可以减少 1~2 人。

(5)钻机全液压配置为自动化钻进、智能化钻进提供了良好的平台,钻进参数监测和控制更加便利,可远距离控制钻机操作。

(6)机械传动系统简单,便于布局,实现模块化,功能单元质量相对较轻,易于安装和拆卸。配合采用绳索取心钻进工艺,中深孔通常不用钻塔,可明显节省设备迁移安装时间,在交通不便地区区别尤为明显,如全液压式动力头钻机搬迁只需要 1~2 d,立轴式岩心钻机搬迁一次需要 3~6 d。

与立轴式岩心钻机相比,全液压式动力头钻机也有不足,具体如下:

(1)消耗功率相对较大、传动效率低、能源消耗明显偏高。同时,制造成本相对较高,使用、维护要求较严。但随着经济和科学技术的发展,液压件制造技术水平及工人技术水平的提高,这些问题正逐步得到解决。

(2)全液压式动力头钻机最大起拔力通常比具同样钻进深度能力的立轴式岩心钻机小,动力头和主卷扬机同步性亦差。通常认为,全液压式动力头钻机处理孔内事故的能力比立轴式岩心钻机弱。但是,由于钻机软特性,钻柱引起的事故率比立轴式岩心钻机低。而大深度钻探的孔内事故主要为钻柱事故,比例高达75%～90%,但因为全液压式动力头钻机设计有扭矩控制或限制装置,因此钻探安全性得到提升。

(3)大型全液压式动力头钻机虽然能实现履带自移或轮式迁移,但在特殊地表施工环境中,其解体和搬迁难度较大。目前便携式全液压式动力头钻机采用模块化设计,泥浆泵逐步从全液压式动力头钻机中分离出来,采用单独配置动力或液压驱动,程序控制的模式,解决了在地形起伏较大、车辆通行困难的山区进行运移的问题。

(4)在钻探施工中大多数全液压式动力头钻机因无钻塔,提钻立根长度短,不适合常规金刚石钻进提钻;因无塔衣防护,机台工人特别是钻机操作者受风、雨、雪、阳光照射等气象影响较大。

过去,国内由于液压元件制造技术滞后,许多关键液压件如泵、马达、阀等质量无法得到保证,使得钻机性能无法到达设计要求,制约了我国全液压式动力头钻机的发展。近年来,我国整体工业技术水平得到了长足进步,使得液压系统的稳定性、可靠性有了大幅度提高,国产全液压式动力头钻机市场异常繁荣,促使我国此类钻机在大量的生产实践中不断得到改进,技术水平得到大幅度提高。

深孔钻机的发展趋势有以下几个方面。

(1)驱动方式:采用长行程回转钻进,能实现快速加接钻杆,快速建立循环,有利于降低事故率。

(2)传动效率:采用变频电传动方式,比液压式传动、机械式传动更加节能环保。

(3)自动化:实现孔口作业自动化,劳动强度低,工作效率高。

(4)可控性:实现钻进参数数字化,结合传感技术与智能控制方式,实现精准控制。

(5)安全性:集成了监控、预警、指令和控制为一体的安全控制系统。

3.5 升沉补偿技术

水库水位由于发电站下泄流量与上游来水流量不一致,导致钻进过程中水位发生变化。深水条件下钻进施工时,隔水套管底部一般在泥面以下固定,上部管端在浮式平台固定,当库水位变化时隔水套管会产生轴向移动,水位上涨时平台上提套管导致套管底部隔离失效,水位下降时平台下压套管导致套管弯曲甚至折断,所以在下入套管前需在平台上的钻孔井口处安装套管升沉补偿装置,以适应库水位变化,隔水套管升沉补偿装置见图3.19。

图3.20和图3.21分别是套管升沉补偿装置工作原理示意图和实物图。隔水套管的上部穿过浮动式平台,隔水套管的下部管靴置于河底泥面下。浮动式平台上竖直设置两组伸缩油缸,两组伸缩油缸的活塞杆朝上设置,且活塞杆端部之间水平固定安装夹持器。夹持器的中部夹持固定隔水套管。伸缩油缸和夹持器共同作用以扶正隔水套管,并承担部分隔水套管的重力,保障隔水套管在水下处于拉伸状态。

当水位下降时,隔水套管的底部管靴坐落至钻孔底部并被钻孔底面支撑,隔水套管的上部带动自重式卡瓦沿锥孔壁面向上滑动,此时自重式卡瓦自动松开隔水套管,由于浮动式平台随着水位下降而下降,自重式卡瓦自动松开隔水套管使隔水套管不会随浮动式平台下降而

3 深水复杂地层成孔

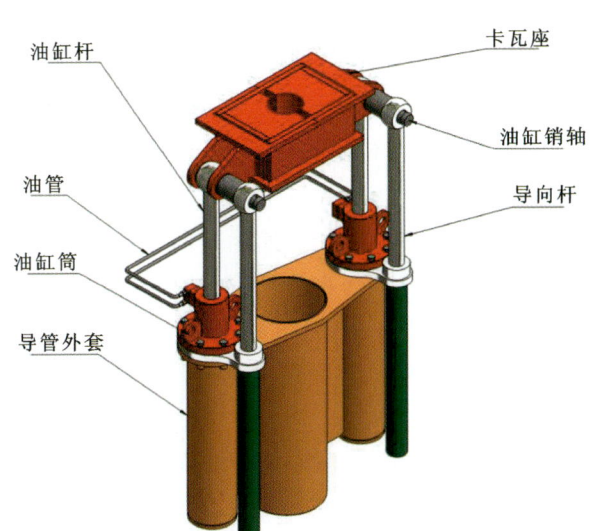 

图 3.19 隔水套管升沉补偿装置

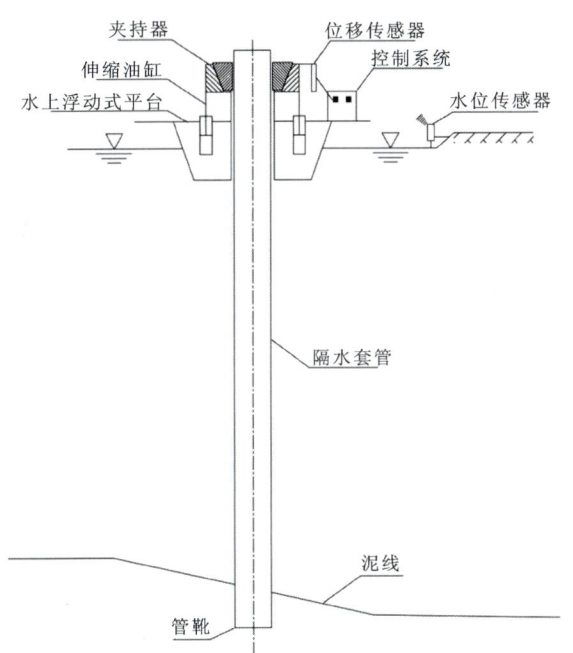

图 3.20 套管升沉补偿装置工作原理示意图

图 3.21 套管升沉补偿装置工作实物图

下降,从而保护了隔水套管不受压弯曲。当水位上升时,浮动式平台随着水位上升而上升,自重式卡瓦在自身重力作用下沿锥孔壁面向下滑动,使隔水套管处于夹紧状态,浮动式平台带着隔水套管一起上升,隔水套管的底部管靴被提离钻孔底面。自重式夹持器随着浮动式平台的上升具有上提卡紧特点,而随着浮动式平台下降具有自动松弛能力,从而不会造成隔水套管被压弯。

• 71 •

该装置工作时,首先使隔水套管处于安全工作状态,并将伸缩油缸的活塞调整至伸缩油缸的中部,此时通过位移传感器测得的位移值即为位移初始值,水位传感器测得的水位值即为水位初始值,然后水位传感器检测水位实时值,控制系统将水位传感器检测的水位实时值与其存储的水位初始值相减计算得出水位变化值 ΔH_s,并判断水位变化值 ΔH_s 是否超出隔水套管安全形变值。如果水位变化值 ΔH_s 超出隔水套管安全形变值,则通过控制伸缩油缸的上腔或下腔的进出油量而控制伸缩油缸的活塞杆沿水位变化做相反方向运动,且伸缩油缸活塞杆的位移变化值 $\Delta H_j = \Delta H_s$,即水位上升时,浮动式平台上升,伸缩油缸的上腔进油,活塞杆回缩;水位下降时,浮动式平台下沉,伸缩油缸的下腔进油,活塞杆伸出,从而抵消水位变化引起的浮动式平台的上下位移,使隔水套管既不被提离钻孔底部(当水位上升),也不会受压弯曲(当水位下降)。如果水位变化值 ΔH_s 小于隔水套管安全形变值,则保持伸缩油缸活塞杆的位置不变,即伸缩油缸活塞杆的位移变化值 $\Delta H_j = 0$。

本研究设定 150 m 水深的隔水套管安全形变阈值为 20 mm,隔水套管水位补偿范围和精度为 (700 ± 10) mm。为避免伸缩油缸不必要的频繁动作,按下列原则调整伸缩油缸活塞杆的位移变化值 ΔH_j:当水位上升,水位变化值 $\Delta H_s \leqslant 20$ mm 时,$\Delta H_j = 0$;当水位上升,水位变化值 $\Delta H_s > 20$ mm 时,$\Delta H_j = \Delta H_s$;当水位下降,水位变化值 $\Delta H_s \leqslant 20$ mm 时,$\Delta H_j = 0$;当水位下降,水位变化值 $\Delta H_s > 20$ mm 时,$\Delta H_j = \Delta H_s$。

3.6 测斜技术

隔水套管下入和跟管过程中,套管很难保持铅垂状态,故在下放一半左右套管时,将倾斜度测量仪器安装在即将下放的套管外壁。图 3.22 是套管倾斜度测量仪器工作示意图,第一板和第二板上均设有用于安装牵引绳的挂环,便于牵引绳贯穿固定。

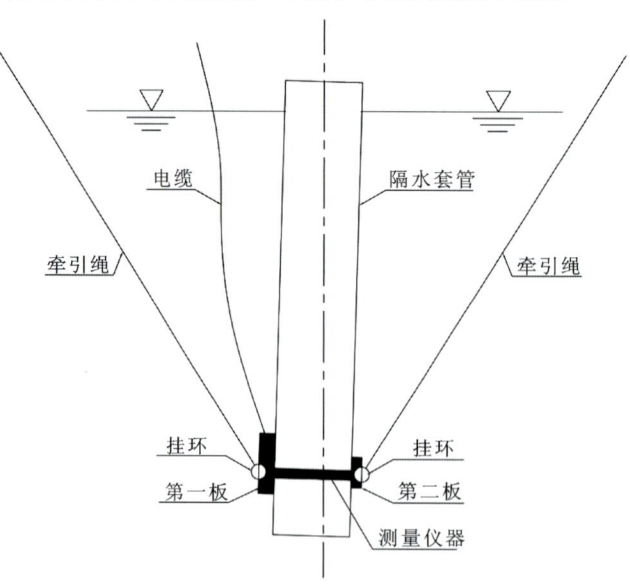

图 3.22 套管倾斜度测量仪器工作示意图

测量装置能安放在隔水套管泥面以上任意部位,当需要测量隔水套管倾斜度时,地表控制信号使测量装置上的电磁铁通电吸合,测量装置内弧面与隔水套管的外壁贴合,通过传感器测出隔水套管的倾斜度。当电磁铁断电时,该测量装置又可上下移动,在不同深度部位进行测量。测量装置上下爬行定位测量隔水套管倾斜度,多点连续测量可形成隔水套管串的倾斜度轨迹。采用该测量仪器对套管倾斜度进行测量,其测量方法如下:

(1)通过调整器将圈型腔的开口调大,再将测量装置套装在隔水套管上,通过调整器的调节功能,将第一板和第二板贴合在隔水套管上。并在第一板和第二板的安装座上各加装一根牵引绳,牵引绳的上端与牵拉装置连接。电缆与第一板连接,为牵引铠装电缆,能够使测量装置沿隔水套管外壁爬行。

(2)在测量装置通过自重沿隔水套管外壁下行或通过牵引绳沿隔水套管外壁上行时,当需要测量隔水套管倾斜度时,地表控制信号使测量装置上的电磁铁通电产生吸合力吸附在隔水套管上,测量装置内弧面与隔水套管的外壁贴合。

(3)安装在测量装置上的传感器(三维重力加速度传感器合成数据)读数即为隔水套管倾斜度(顶角)。传感器测量倾斜度超过设定值时,在水面上通过与倾斜方向相反的方向收紧牵引绳调整隔水套管的垂直度。

深水锚固

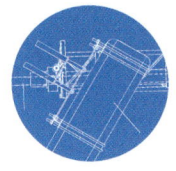

4.1 锚固结构

深水钻孔工作完成后,需进行水下锚固作业。与陆上锚固相比,深水锚固难度更大。水下锚固需穿过软弱覆盖层,受水流与风浪影响,受力复杂多变,对锚固结构提出了更高要求。

4.1.1 水下锚固结构选择

三板溪水电站低温水治理水下地锚结构受力有如下特点:

(1)隔水幕墙纵向拉索对锚固结构的拉力为斜拉力。在使用过程中,隔水幕墙纵向拉索下端与竖直方向存在一定夹角,水下锚固结构所受拉力为斜向上方。

(2)隔水幕墙纵向拉索对水下锚固结构的拉力随水位、水温及水流方向呈动态变化。隔水幕墙随水库水位在正常蓄水位至死水位之间 50 m 高差内变化而自动升降,幕墙及纵向拉索自适应水位变化调整其形态。不同运行水位过水断面、水流速度、压力分布均不相同,因而幕墙及纵向拉索体形态也各不相同,传递至水下锚固结构的拉力大小和方向也均不相同。

(3)隔水幕墙纵向拉索对水下锚固结构的拉力量值较大,最大拉力可达 520 kN,远大于一般地锚结构承受的拉力量值,且水平分力较大。

(4)水下地锚结构上端需有用于挂置隔水幕墙纵向拉索的连接构件,纵向拉索初选为直径 $\Phi 40$ mm 的纤维绳,地锚结构与纵向拉索连接处需设置相应连接构件。

(5)水下锚固结构尺寸需满足深水施工工艺的要求。三板溪水电站水库坝前正常蓄水位最大水深为 160 m,隔水幕墙水下锚固系统采用水上施工平台在水面施工,水下锚固结构施工需通过钢套管进行。钢套管直径 $\Phi 178$ mm 时对应钻孔直径 152 mm,因此水下地锚结构的外轮廓尺寸均要小于套管内径。

根据水下锚固结构受力方向动态变化、荷载较大、锚固较深等特点,初选水下锚固结构型式有高强螺纹钢筋锚杆、锚链、钢丝绳、锚索。对几种型式的水下锚固结构优缺点分析如表 4.1 所示。

水下锚固结构对承载能力、受力特性及施工工艺有特殊要求,已有的结构型式很难满足其受力及施工要求。水下锚固结构需锚入岩体中承担斜向拉力,需要穿过松软覆盖层,在这种情况下钢丝绳、锚索等柔性受力结构具有一定优势,但需解决锚固结构与岩体锚固抗拔力问题以及上部与锚固体的连接问题。综合钢丝绳与锚索优点,提出一种新的锚固结构——水下地锚,如图 4.1 所示。

4 深水锚固

表 4.1　几种型式的水下锚固结构优缺点分析

型式	高强螺纹钢	锚链	钢丝绳	锚索
优点	①结构型式最简单;施工技术成熟;②有较高的抗拉强度。采用Φ50 mm PSB1080螺纹钢即可满足水下锚固结构拉力要求;③单个钢筋直径小,刚度大,采用套管施工安装,操作方便	①结构型式较简单;②有较高的抗拉强度;③上端连接方便;④孔口与河床碎石接触摩擦,抗磨蚀性能好	①结构型式较简单;②有较高的抗拉强度;③钢丝绳既有一定柔度,较能适应纵向斜拉力的要求,又具有整体刚度,套管施工较方便	①施工技术成熟;②钢绞线分散与岩体锚固结合紧密,抗拔力有保证;③锚索既有一定柔度,较能适应纵向斜拉力的要求,又具有整体刚度,套管施工较方便
缺点	①遇地锚孔口覆盖层时,受斜向拉力水平分力作用,孔口段钢筋抗弯折强度难以满足要求;②上端连接时钢筋环转弯半径大,不满足套筒内径要求	①满足受力要求的锚链外环宽度大于115 mm,尺寸较大;②链环之间刚度小,难以满足套管下放工艺	①满足纵向拉力要求的钢丝绳直径较大,钢丝绳与纵向缆索连接需采用钢索节;②存在钢丝绳防腐保护问题;③钢丝绳整体与岩体锚固,但抗拔力存在问题	①结构型式相对复杂;②钢绞线分散,在上端连接不方便

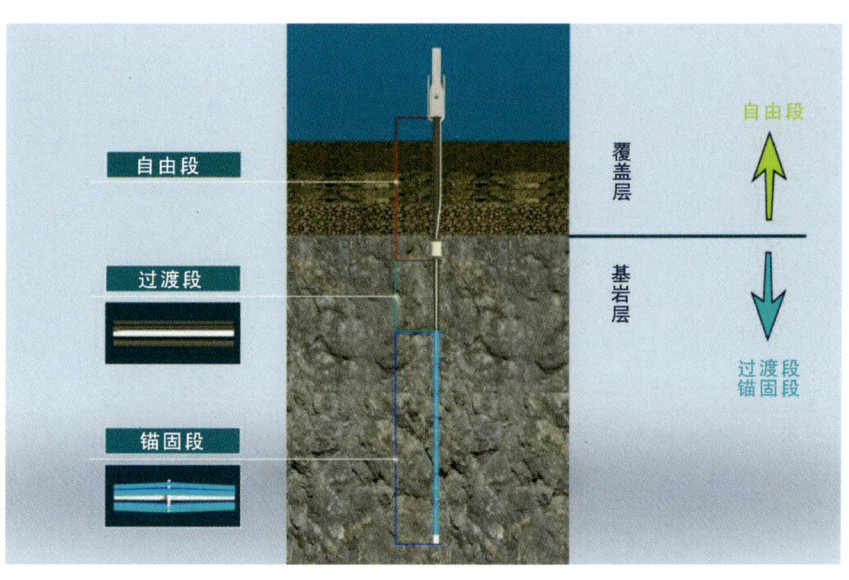

图 4.1　水下锚固结构

4.1.2 水下地锚结构设计

水下地锚包括索体和索节两部分,索体布置于水下地锚钻孔中,索节露出地面与锚固体连接。索体部分由下至上包括锚固段、过渡段和自由段。锚固段嵌入弱风化岩体下限线以下,为地锚结构提供抗拔力;锚固段采用水泥浆将地锚索体下部钢绞线与岩石孔壁黏结在一起,为地锚结构提供抗拔力。过渡段为一段整体挤压钢绞线,整体挤压钢绞线可改善单股钢绞线不均匀受力状况,需要灌注水泥浆。自由段也为整体挤压钢绞线,钢绞线外包 PE 保护套,不需要灌注水泥浆液,钢绞线可在孔壁内自由摆动、伸缩。自由段上端经整束挤压锚头与索节连接。水下地锚结构设计见图 4.2。

4.1.3 水下地锚索体材料选择及设计锚固力计算

根据水下地锚钻孔成孔直径考虑下索、注浆空间要求及索体整体压制后的尺寸,确定索体由 7 股 Φ15.2 mm 无黏结环氧喷涂钢绞线组成,钢绞线强度 $R_b=1960$ MPa,单股钢绞线由 7 根 Φ5 mm 钢丝组成。预应力钢丝表面有环氧喷涂层,具防腐功能。水下地锚工作时自由段索体与钻孔中心线夹角在 40°~90°内变化,受斜向拉力,索体处于不均匀受力状态。参照《水电工程预应力锚固设计规范》(NB/T 10802—2021),水下地锚索体设计时钢绞线设计强度需考虑 0.6 的受力不均匀系数。根据《岩土锚固技术手册》(闫莫明等,2004),考虑水下地锚为永久锚索,破坏后果较严重,故索体设计安全系数取高值 2.0,计算得出水下地锚设计锚固力为

$$P_m = \frac{n_2 n_1 \pi \left(\frac{d_0}{2}\right)^2 R_b \eta}{k} = 565\ 755(\mathrm{N}) \qquad (4\text{-}1)$$

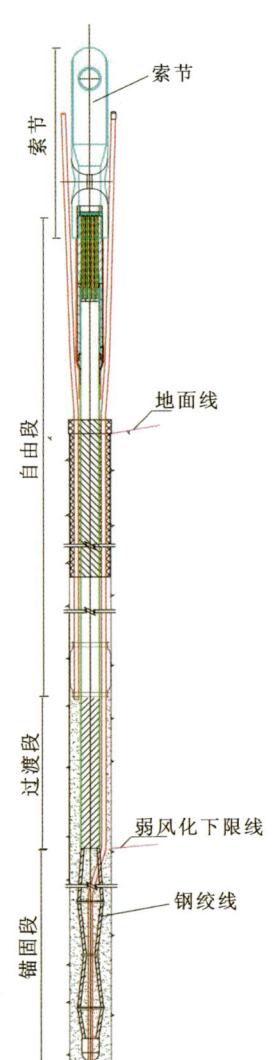

图 4.2 水下地锚结构设计图

式中:P_m 为水下地锚设计锚固力(N);n_1 为单股预应力钢绞线的预应力钢丝根数,取 7;n_2 为水下地锚预应力钢绞线股数,取 7;d_0 为单根预应力钢丝直径,取 5 mm;R_b 为预应力钢绞线强度,取 1960 MPa;η 为预应力钢绞线受力不均匀系数,取 0.6;k 为水下地锚设计安全系数,取 2。

计算得水下地锚锚固力为 565 kN,本次水下地锚锚固力取 560 kN。

水下地锚是一种新的地锚结构,封锚固段长度计算可参照《水电工程预应力锚固设计规范》(NB/T 10802—2021)、《水工预应力锚固设计规范》(SL 212—2012)和《岩土锚杆与喷射混凝土支护工程技术规范》(GB 50086—2015)中关于锚索(杆)锚固长度的计算公式,综合分析后取值。

(1)根据《水电工程预应力锚固设计规范》(NB/T 10802—2021)计算

$$L_1 \geqslant \frac{\gamma_0 \psi \gamma_d \gamma_c \gamma_p P_m}{\pi D c} \tag{4-2}$$

式中:L_1 为水下地锚锚固段长度(m);γ_0 为结构的重要性系数,Ⅰ级锚固工程取 1.1,Ⅱ级锚固工程取 1.0,Ⅲ级锚固工程取 0.9,水下地锚取 1.0;ψ 为设计状况系数,持久工况取 1.0,短暂工况取 0.95,水下地锚取 1.0;γ_d 为结构系数,仰孔取 1.3,俯孔取 1.0,水下地锚取 1.3;γ_c 为黏结强度分项系数,取 1.2;γ_p 为单束预应力锚索张拉力分项系数,取 1.15;P_m 为水下地锚设计锚固力(kN);D 为锚索孔直径,取 145 mm;c 为胶结材料与孔壁的黏结强度,水下地锚锚入微新岩体中,取 1.2 MPa。

计算得:

$$L_1 \geqslant \frac{1 \times 1 \times 1.3 \times 1.2 \times 1.15 \times 560}{3.14159 \times 145 \times 1.2} = 1.838 \text{(m)}$$

(2)参照《水工预应力锚固设计规范》(SL 212—2012)锚固段抗拔安全长度,按式(4-3)、式(4-4)计算

$$L_1 = k \frac{P_m}{\pi D C} \tag{4-3}$$

$$L_1 = k \frac{P_m}{\pi d c_1 n} \tag{4-4}$$

式中:L_1 为水下地锚锚固段长度(m);P_m 为水下地锚设计锚固力,取 560 kN;k 为水下地锚锚固段长度的安全系数,取 2.0;D 为水下地锚钻孔直径,取 145 mm;C 为胶结材料与孔壁的黏结强度,取 1.2 MPa;c_1 为胶结材料与预应力钢绞线的握裹力,取 2.0 MPa;d 为单股预应力钢绞线直径,取 15.2 mm;n 为单束水下地锚预应力钢绞线股数,取 7。

根据式(4-3)计算得 $L_1 = 2.049$ m,根据式(4-4)计算得 $L_1 = 1.675$ m,本次取 $L_1 = 2.049$ m。

(3)根据《岩土锚杆与喷射混凝土支护工程技术规范》(GB 50086—2015),水下地锚锚固段的设计长度应按式(4-5)和式(4-6)确定,锚固段设计长度取两者中的较大值:

$$N_d \leqslant \frac{f_{mg}}{K} \cdot \pi \cdot D \cdot L_a \cdot \psi \tag{4-5}$$

$$N_d \leqslant f'_{ms} \cdot n \cdot \pi \cdot d \cdot L_a \cdot \xi \tag{4-6}$$

式中:N_d 为水下地锚轴向拉力设计值(kN);L_a 为锚固段长度(m);f_{mg} 为锚固段注浆体与地层间极限黏结强度标准值(MPa 或 kPa),按表 4.2 取值,取 1.0 MPa;K 为锚固段注浆体与地层间的黏结抗拔安全系数,按表 4.3 取值,取 2.0;D 为水下地锚钻孔直径,取 145 mm;ψ 为锚固段长度对极限黏结强度的影响系数,按表 4.4 取值,取 0.8;f'_{ms} 为锚固段注浆体与杆体间的黏结强度设计值,按表 4.5 取值,取 0.9;n 为钢绞线股数,取 7;d 为钢绞线直径,取 15.2 mm;ξ 为采用 2 股或 2 股以上钢绞线时,界面黏结强度降低系数一般为 0.70~0.85,本次取 0.7。

根据式(4.5)计算得 $L_a = 3.073$ m,根据式(4-6)计算得 $L_a = 2.659$ m,本次取 $L_a = 3.073$ m。

综合以上计算结果,水下地锚结构锚固段长度不应小于 3.073 m,参考地面锚索锚固段长度的经验,并考虑钻孔地质条件不确定性、水面套筒钻孔施工质量后,综合确定水下地锚结构锚固段长为 9 m,要求锚固段锚入微新岩体中。

表 4.2 锚固段注浆体与周边地层间的极限黏结强度标准值

岩土类别			极限黏结强度标准值 f_{mg}/MPa
岩石	坚硬岩		1.5~2.5
	较硬岩		1.0~1.5
	软岩		0.6~1.2
	极软岩		0.6~1.0
砂砾	N 标贯值/击数	10	0.1~0.2
		20	0.15~0.25
		30	0.25~0.30
		40	0.30~0.40
砂	N 标贯值/击数	10	0.10~0.15
		20	0.15~0.20
		30	0.20~0.27
		40	0.28~0.32
		50	0.30~0.40
黏性土	软塑		0.02~0.04
	可塑		0.04~0.06
	硬塑		0.05~0.07
	坚硬		0.08~0.12

注:①表中数值为锚杆黏结段长 10 m(土层)或 6 m(岩石)的灌浆体与岩土间的平均极限黏结强度经验值,灌浆体采用一次注浆;若对锚固段注浆采用带轴阀管的重复高压注浆,其极限黏结强度标准值可显著提高,其提高幅度与注浆压力大小关系密切。

②N 值为标准贯入试验锤击数。

表 4.3 锚固段注浆体与地层间的黏结抗拔安全系数

锚固工程安全等级	破坏后果	安全系数 K	
		临时锚杆	永久锚杆
		<2a	≥2a
Ⅰ	危害大,会构成公共安全问题	1.8	2.2
Ⅱ	危害较大,但不致出现公共安全问题	1.6	2.0
Ⅲ	危害较轻,不构成公共安全问题	1.5	2.0

注:蠕变明显地层中永久锚杆锚固体的最小抗拔安全系数宜取 3.0。

表 4.4 锚固段长度对黏结强度的影响系数 ψ 建议值

锚固地层	锚固段长度/m	ψ 值
土层	14～18	0.6～0.8
	10～14	0.8～1.0
	10	1.0
	6～10	1.0～1.3
	4～6	1.3～1.6
岩石	9～12	0.6～0.8
	6～9	0.8～1.0
	6	1.0
	3～6	1.0～1.3
	2～3	1.3～1.6

表 4.5 锚杆锚固段灌浆体与杆体间黏结强度设计值　　　　　　单位：MPa

锚杆类型	杆体钢筋种类	灌浆体抗压强度			
		20	25	30	40
临时	预应力螺纹钢筋	1.4	1.6	1.8	2.0
	钢绞线、普通钢筋	1.0	1.2	1.35	1.5
永久	预应力螺纹钢筋	—	1.2	1.4	1.6
	钢绞线、普通钢筋	—	0.8	0.9	1.0

4.1.4　水下地锚索体过渡段和自由段长度计算

水下地锚结构过渡段为整体挤压成束带护套钢绞线,过渡段长度取 4 m。水下地锚结构自由段长度需根据每个地锚孔位覆盖层、强风化层、弱风化层岩体厚度确定,自由段索体伸出水下地面线以上约 0.5 m。各地锚布置位置不同,其人工堆积物,以及强风化层、弱风化层等厚度也不同,根据水下地形及地质条件分别确定每个地锚结构长度,并进行归类,再按设计长度对地锚结构进行定制加工。

4.1.5　索节穿系纤维绳开孔尺寸设计

要求索节与上部幕墙结构连接,能穿系 Φ40 mm 连接纤维绳,索节开孔尺寸为 Φ60 mm,开孔后索节强度满足地锚受力要求。对孔周进行倒角设计,使孔口轴线光滑圆润,并对索节整体涂喷复合型耐磨密封防腐层,避免切割纤维绳。

4.1.6 索节断面尺寸设计

索节设计为圆柱形，截面直径为 $\Phi110$ mm，索节＋两根 $\Phi25$ mm 灌浆管综合尺寸满足 $\Phi178$ mm 套管尺寸施工操作要求。

4.1.7 水下地锚索节强度计算

水下地锚索节结构示意如图 4.3 所示，索节采用 40Cr 合金钢锻制而成，40Cr 屈服强度取 490 MPa。根据《大型合金结构钢锻件技术条件》(GB/T 33084—2016)对索节金属构件危险截面进行抗拉、抗弯、抗剪验算。

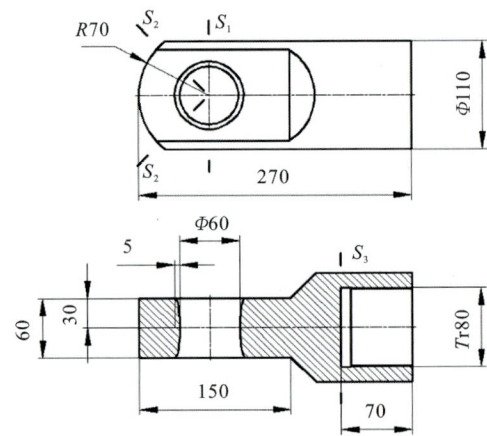

图 4.3　水下地锚索节结构示意图(单位:mm)

地锚结构索节安全系数取 2.0，对 S_1、S_3 截面计算极限抗拉能力，对 S_2 截面计算极限抗剪能力。

抗拉能力(F_1)验算

$$F_1 = [\sigma]A_{S_1} = \frac{490}{2} \times \frac{2528}{1000} = 619(\text{kN})$$

式中:σ 为索节抗拉极限强度(MPa);A_{S_1} 为 S_1 断面面积(mm^2)。

抗拉能力(F_3)验算

$$F_3 = [\sigma]A_{S_3} = \frac{490}{2} \times \frac{4348}{1000} = 1065(\text{kN})$$

式中:A_{S_3} 为 S_3 断面面积(mm^2)。

抗剪能力(T_2)验算

$$T_2 = [\tau]A_{S_2} = \frac{490}{2 \times 1.8} \times \frac{4616}{1000} = 628(\text{kN})$$

式中:A_{S_2} 为 S_2 断面面积(mm^2)。

其中:F_1、F_3 和 T_2 均大于设计锚固力 560 kN，故索节强度满足设计要求。

4.1.8 压制锚头连接强度计算

压制锚头与自由段索体间连接最小破断拉力为 F,压制锚头连接强度安全系数 $K=1.8$,自由段索体设计工作荷载 560 kN,则 $F=1.8\times560=1008(kN)$。压制锚头与自由段索体间连接最小破断拉力大于 1008 kN 即满足要求。

4.2 锚固施工

深水锚固由于锚孔内充满了积水,故与陆上锚固差异较大。现有的水下锚索注浆方法是在锚孔中安装隔水套管,将进浆管和回浆管编入索体,再将止浆包穿入索体固定,位于止浆包内部的进浆管开设有进浆孔。利用注浆管路将浆液经进浆管输送至锚孔底部,由于水泥浆密度比水大,故孔底自下而上需逐步置换钻孔内积水。在深水中注浆存在很多的不确定性,比如虽然浆液密度比水大,但是在从下往上置换水的过程中,浆液中仍然会有水渗透。锚孔孔壁存在裂隙,浆液会渗透到裂隙中。因此需同时设置回浆管,回浆管的下口位于止浆包下端,回浆管的上口位于水面以上。当浆液注满时,浆液通过回浆管上升至回浆管的上口,在回浆管上口返浆取样;当回浆管返浆浆液的密度和进浆浆液的密度一致时,表明水泥浆液已经完全替换锚孔中的水,即可停止注浆。

随着水深增加,回浆管的长度也需加长,使水泥浆液回到水面以上需要极大的注浆压力,如何将浆液顺利地送到水下锚索锚固段并保证注浆密实度,对注浆系统和方法提出了更高的要求。

深水地锚注浆系统包括隔水套管、锚索、进浆管、回浆管、止浆包、制浆装置。进浆管和回浆管分别与锚索固定,进浆管的出口临近锚孔底部,止浆包穿入锚索固定,进浆管中开设有进浆孔,进浆孔位于止浆包内部。考虑锚孔孔壁存在裂隙,浆液会渗透到裂隙中,为验证浆液是否完全充填锚孔灌浆段,需要观察回浆管返浆情况,因此该注浆系统还包括水下摄像头。回浆管的下口位于止浆包下方,回浆管的上口位于地锚索节的穿销孔下方,回浆管的上口正上方安装有水下摄像头,水下摄像头通过水下数据线与显示器连接。

深水地锚进浆管包括第一进浆管、第二进浆管和第三进浆管,为了便于旋转回收,第一进浆管和第二进浆管需采用刚性管,为了便于地锚下索,第三进浆管采用柔性管。3 根进浆管均应能承受 1.5 倍的最大注浆压力,并保证浆液流动畅通。第一进浆管下端通过反丝接头与第二进浆管上端连接。第三进浆管为塑料管编入索体,且下端临近锚孔底部。第二进浆管下端与第三进浆管上端套接,即第二进浆管的外侧套接入第三进浆管内侧。第二进浆管和第三进浆管的连接处通过抱箍固定于索节上,第一进浆管与制浆装置的输浆口连通。制浆装置包括依次连通的高速制浆机、双层搅拌桶、注浆泵。图 4.4 是深水地锚注浆系统示意图。

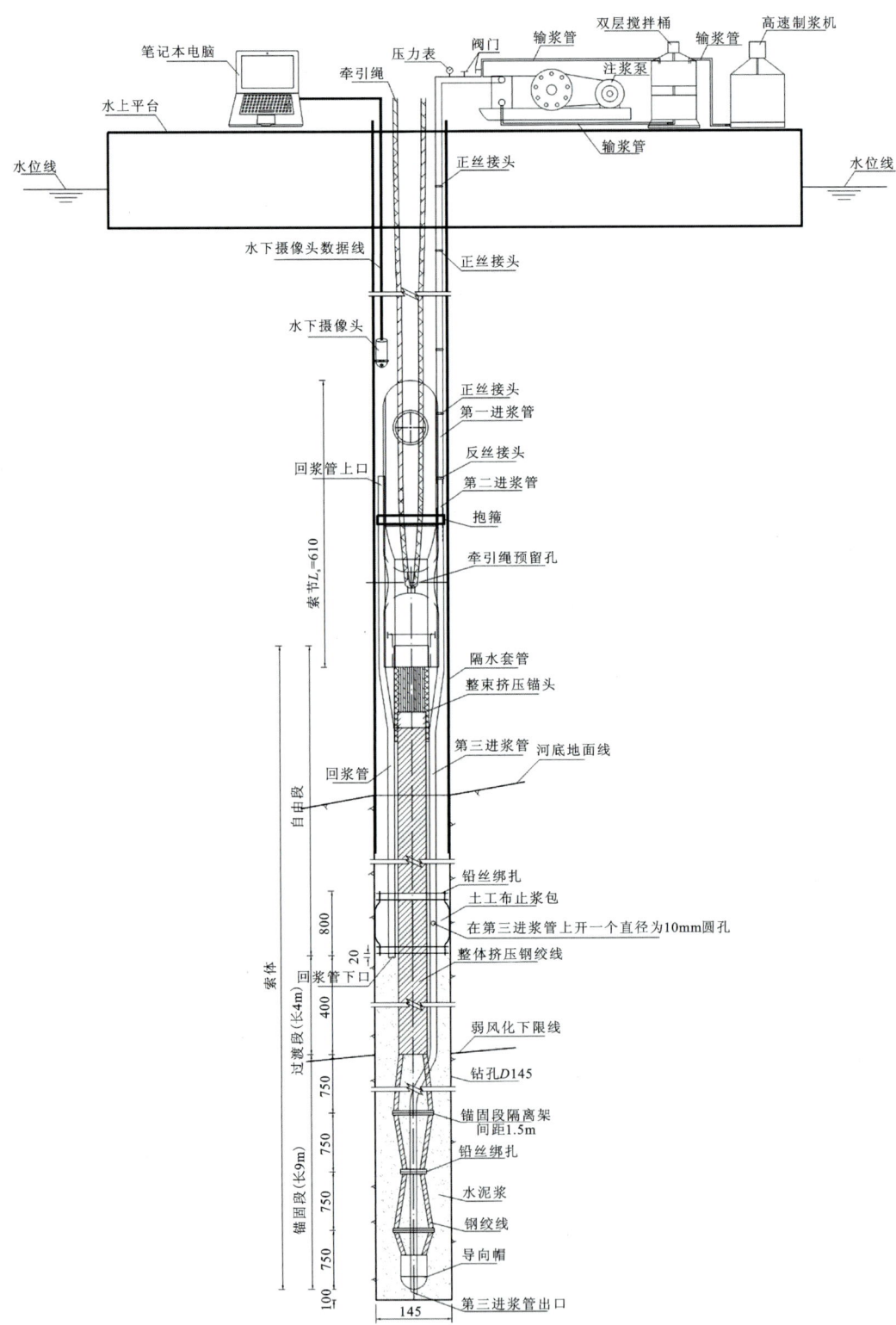

图 4.4 深水地锚注浆系统示意图(单位:mm)

4.3 注浆设备及机具

4.3.1 注浆设备

注浆设备主要包括钻机、钻具、注浆泵、搅拌机、注浆管线总成、止浆塞和混合器等。这些设备共同构成了制备、输送浆液的完整系统。

注浆泵的类型多种多样,每种类型都有其特定的应用场景和性能特点。

(1)往复式单作用三柱塞泵(如3SNS注浆泵)。

功能:输送水泥浆或砂浆的注浆工程配套设备,适用于坝基工程、固结注浆、隧道注浆及其他注浆工程。

特点:具有较高的压力和排量,能够确保注浆工程的顺利进行。

(2)挤压式注浆泵。

类型:包括转子式双滚轮式、直管式三滚轮式和皮带式双槽式3种。

特点:通过挤压方式将浆液推送至预定位置,适用于需要高精度注浆的场合。

(3)活塞式注浆泵。

类型:分为液力传动式和机械传动式两种。

特点:具有多档变量、压力高、流量大等优点,适用于各种注浆工程。

(4)叶片式泵(如离心泵)。

特点:性能范围广、流量均匀、结构简单、运转可靠,但由于叶轮容易磨损,不适用于注浆使用。

(5)容积式泵。

类型:包括往复泵、转子泵等。

特点:往复泵适用于输送流量较小、压力较高的各种介质,如电动往复泵,通过曲柄连杆机构实现活塞的移动,完成注浆作业。

(6)电动双液调速高压注浆泵。

特点:基于水泥浆材设计,具有较高的压力输出和流量控制,适用于煤矿井下等狭窄空间的注浆作业。

在选择适合的注浆泵类型时,需要根据具体的工程条件、注浆材料、注浆压力等因素进行综合考虑,同时还应注意注浆泵的性能参数、工作效率、维护成本等情况,以确保注浆工程的顺利进行。三板溪低温水治理深水锚固注浆采用往复式单作用三柱塞泵。

4.3.2 水下摄像头

水下摄像头可以帮助水面工作人员对水下情况进行判断,其类型较多,项目中主要是在钻孔中应用——观察绳索缠绕,在注浆过程中监测返浆情况,对其防水等级和清晰度需求较高。

4.3.3 进浆管特制接头

深水注浆结束后,位于深水中的注浆管路回收一直是困扰施工的主要难题。塑料管便宜,内壁光滑,注浆方便,但是难以回收,留在水中对电站水轮机是巨大的安全隐患。项目采用钢管注浆,在进浆管路上设置了一个正反丝特制接头,既保证了浆液流动畅通,并能承受较大的注浆压力,注浆结束后,在水上平台顺时针旋转进浆管,使进浆管在正反丝接头处脱开,可以方便快捷地回收注浆管路,避免资源浪费和环境污染。

正反丝特制接头包括接头、开设于接头上部的正丝丝扣右旋螺纹、开设于接头下部的反丝丝扣左旋螺纹,还包括开设于接头中部的凹槽,图4.5是反丝接头结构示意图,图4.6是反丝接头实物图。当反丝接头上部的正丝丝扣拧紧时,在凹槽插入垫叉,可限制反丝接头旋转,防止反丝接头下部的反丝丝扣拧松。正丝丝扣右旋螺纹与上侧的进浆管连接,反丝丝扣左旋螺纹与下侧的进浆管连接。需回收进浆管时,从接头下部的反丝丝扣处拧开,反丝接头也可以回收再次利用。

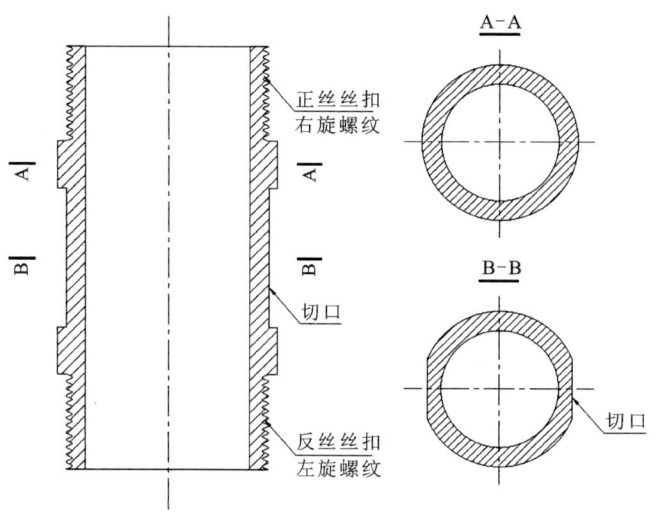

图4.5 反丝接头结构示意图

图4.6 反丝接头实物图

4.4 锚固注浆材料

4.4.1 水下锚固注浆材料分类及应用现状分析

目前水下注浆材料可大致分为以下几类:无机注浆材料、有机注浆材料、复合注浆材料、纳米注浆材料。

1. 无机注浆材料

这类材料主要由水泥、砂石等无机物质组成,具有耐久性强、成本低廉、施工简便等优点,广泛应用于各类工程项目中。在水下环境中,无机注浆材料能够有效填充岩土缝隙、增强加固结构的稳定性、提高管桩的抗倾覆能力等,确保需加固结构的长期安全。文献记载在苏通大桥大直径深水超长桩基础施工中采用水泥浆注浆,保证了桩基础的质量,桩基承载力和群桩整体性得到了显著提升,降低了沉降量及其不均匀性。以水下不分散混凝土为堵料对钢板桩围堰封底混凝土缺陷进行综合加固防渗处置,取得了较好的成效。采用水泥复配絮凝剂及早强剂对灌浆料性能进行优化,缩短了材料的凝结时间,固结体 28 d 胶结强度达 26.7 MPa,加快了工程进度,提高了作业效率。

2. 有机注浆材料

有机注浆材料如聚氨酯、环氧树脂等,这类材料具有良好的黏结性能、耐腐蚀性和可塑性,能够在水下环境中迅速固化,形成防水屏障,显著提高需加固结构的密封性和耐久性,但是要求黏结面干净。

3. 复合注浆材料

复合注浆材料是将无机和有机注浆材料结合而成的新型注浆材料,这种材料综合了无机注浆材料强度高、耐久性好和有机注浆材料柔韧性、可塑性强等优点。在水下注浆中,复合注浆材料能够根据工程需求调整配方,实现优异的力学性能和防水性能,为水下工程提供更加灵活和高效的解决方案。聚合物改性水泥灌浆技术在水下混凝土裂缝的修复中取得了不错的效果。

以超细矿渣为基料,少量水性环氧树脂为辅料的高性能环保型复合固化剂,减少了体系中有害物质的析出,显著提升了注浆料的强度和韧性。

新型低密度深水水泥 SP-C(硫磺聚合物水泥),融合了磺基铝酸盐水泥和 G 级油井水泥的优点,试验测试显示其性能出色,内部无游离流体,流体损失控制能力好,低温下凝结时间短、凝胶强度过渡快,且易制备,对环境友好。

4. 纳米注浆材料

纳米注浆材料是近年来发展起来的新型注浆材料,其核心在于纳米添加剂材料的独特性能,如高比表面积、优异的力学性能和良好的化学稳定性。纳米注浆材料在水环境下能够形成致密的防水层,有效防止地下水渗流,同时提高加固结构的整体强度。随着纳米技术的不断发展,纳米注浆材料在水下锚固工程中的应用前景广阔,有望成为未来水下工程的重要材料。

近年来纳米材料在固井和海上石油钻探中取得突破,得到了一定应用。

水泥浆液在低温深水环境固化过程中,随着温度降低析水率增大,凝结时间变长,早期强度上升较慢。低温延缓水泥水化作用,降低水泥结石抗压强度。需研制满足注浆工艺要求且适用于低温深水环境的浆液配方,该浆液主要的性能特点是抗分散性好、水下强度高、流动性好、析水率低等。需重点关注浆液的早强和水下抗分散等能力。

4.4.2 试验原材料及试验设计

1. 试验原材料

综合考虑材料性能及经济性,本次试验水泥选用强度等级为 52.5 MPa 的普通硅酸盐水泥,聚羧酸作为减水剂,硫酸锂(Li_2SO_3)作为早强剂,聚丙烯酰胺(PAM)作为絮凝剂,硅灰作为掺合料,UEA 型作为膨胀剂。

2. 试验设计

选择正交试验作为试验的主要方法,可以从全面试验中挑选出部分有代表性的点进行试验,这些有代表性的点具备了"均匀分散,齐整可比"的特点,是一种高效率、快速、经济的试验设计方法。

本试验采用的是四因素三水平正交试验,表 4.6 为四因素三水平正交试验表。

表 4.6 四因素三水平正交试验表　　　　　　　　　　　　单位:%

试验号	因素			
	聚羧酸高效减水剂掺量	硫酸锂掺量	聚丙烯酰胺掺量	硅灰掺量
1	0.60	0.40	0.012 5	4.00
2	0.60	0.80	0.025 0	5.00
3	0.60	1.00	0.037 5	6.00
4	0.80	0.40	0.025 0	6.00
5	0.80	0.80	0.037 5	4.00
6	0.80	1.00	0.012 5	5.00
7	1.00	0.40	0.037 5	5.00
8	1.00	0.80	0.012 5	6.00
9	1.00	1.00	0.025 0	4.00

试验以文献以及外加剂的厂家推荐用量作为参考依据,并以实际配比情况对水泥浆材的各类外加剂及掺合料的掺量按一定规律做适当调整。在整个试验过程中,优先考虑浆液 3 d 抗压强度不低于 30 MPa 作为第一指标,并在其掺量范围内进行进一步的配方优化,再次按正交试验方法进行试验,选取其中最优的浆液配比,不对正交试验表进行极差分析。

4.4.3 试验仪器设备及试验依据

1. 试验仪器设备

试验用到的主要仪器设备有水泥净浆搅拌机、截顶圆锥试模[深(40±0.2) mm、顶内径(65±0.5) mm、底内径(75±0.5) mm]、圆锥截模(上口径 36 mm、下口径 60 mm、高度

60 mm,内壁光滑无接缝的金属制品)、玻璃板(400 mm×400 mm×5 mm)、钢直尺(300 mm)、秒表、电子天平(精度 0.01 g)、压力试验机、标准维卡仪等。

部分试验仪器设备如图 4.7 所示。

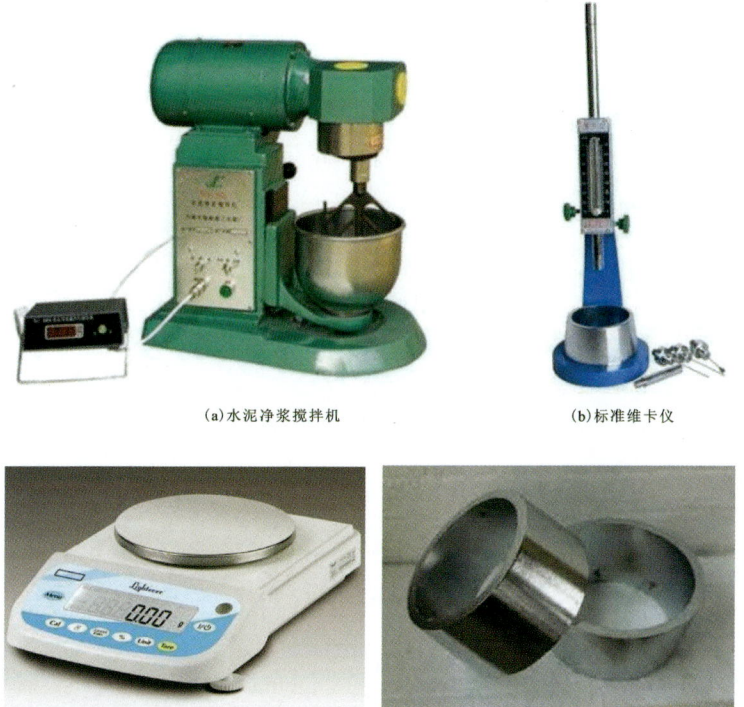

(a)水泥净浆搅拌机　　(b)标准维卡仪

(c)电子天平　　(d)圆锥截模

图 4.7　试验仪器设备图

2.试验依据

所有的试验都是在室内条件一致的情况下进行的,水泥试模采用的是尺寸 70.7 mm×70.7 mm×70.7 mm 的带底试模,养护环境尽可能地模拟实际施工现场,将试样养护在一个隔热泡沫恒温箱中,水温控制在 7～12 ℃内,24 h 监测水温的变化,模拟低温养护环境。水泥浆材的性能指标采用以下方法:

(1)水泥浆的流动性试验:执行《混凝土外加剂匀质性试验方法》(GB/T 8077—2012)。

(2)力学性能指标试验:执行《建筑砂浆基本性能试验方法》(JGJ/T 70—2009),单轴压力试验机加载速率设置为 3 kN/S。

(3)凝结时间试验:执行《水泥标准稠度用水量、凝结时间、安定性检测方法》(GB/T 1346—2011)。

(4)析水率:通常采用量筒法测定浆液的析水率,将拌制好的浆液注入 100 mL 量筒中静置 2 h 后,浆液析水体积与浆液总体积的百分比即为 2 h 的浆液析水率。如式(4-7):

$$B=\frac{V_{析}}{V} \tag{4-7}$$

式中:B 为浆液析水率(%);$V_{析}$ 为析出水的体积(mL);V 为浆液的总体积(mL)。

4.4.4 试验结果及分析

图4.8为试验过程操作的部分图示,包括试样的装填、养护、拆模、抗压强测试、浆液初(终)凝时间测定、试样破碎状态等。

(a)装填试模

(b)试样养护

(c)拆模后的试样

(d)试样抗压强度测试

(e)浆液初凝时间测定

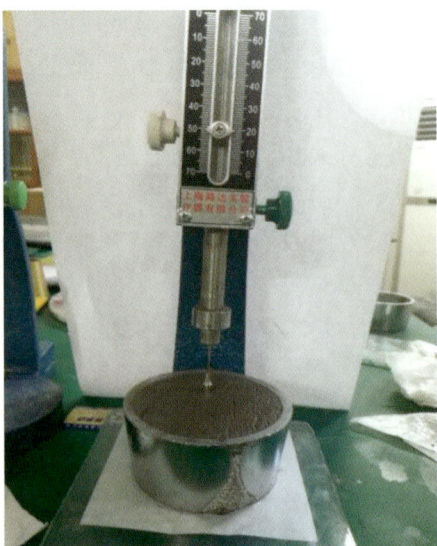
(f)浆液终凝时间测定

(g)试样破碎状态

图 4.8　试验过程图

依据试验方案进行以下正交试验,所得的结果如表 4.7 所示。

表 4.7　第一批试样试验数据表

编号	水灰比	外加剂/%				掺合料/%	流动度/mm	3 d 抗压强度/MPa
		减水剂	硫酸锂	聚丙烯酰胺	膨胀剂	硅灰		
1	0.40	0.10	0.40	0.250 0	0.50	4.00	65±5	8.40
2	0.40	0.30	0.40	0.062 5	0.50	4.00	85±5	12.90
3	0.40	0.60	0.40	0.025 0	0.50	4.00	210±5	9.40
4	0.40	0.60	0.40	0.025 0	0.50	4.00	201±5	13.80
5	0.40	0.60	0.40	0.012 5	0.50	4.00	225±5	7.40
6	0.40	0.60	0.80	0.025 0	0.50	5.00	203±5	8.20
7	0.40	0.60	1.00	0.037 5	0.50	6.00	203±5	1.80
8	0.40	0.80	0.40	0.025 0	0.50	6.00	219±5	0
9	0.40	0.80	0.80	0.037 5	0.50	4.00	162±5	0
10	0.40	0.80	1.00	0.012 5	0.50	5.00	232±5	0
11	0.40	1.00	0.40	0.037 5	0.50	5.00	153±5	0
12	0.40	1.00	0.80	0.012 5	0.50	6.00	237±5	0
13	0.40	1.00	1.00	0.025 0	0.50	4.00	215±5	0

从表 4.7 可以看出,水灰比为 0.40 时,改变外加剂以及掺和料比例,3 d 的抗压强度最高

13.80 MPa,距离试验目标不低于 30 MPa 抗压强度相差较远。分析原因是水灰比设计过高,因此将其视为一个变量因素;且在水泥浆材配比过程中掺入过量的早强剂会导致水泥后期抗压强度降低;聚羧酸高效减水剂的掺量一旦过大,会导致离析分层,致使水泥凝固时间较长,也会影响水泥的抗压强度;聚丙烯酰胺掺入量过大,会导致浆液较黏稠,流动性较低。依据正交试验分析方法,当聚羧酸高效减水剂掺入量为 0.6% 时,水泥浆材的流动性均保持在 201~225 mm 内波动,流动性较好。

基于对第一批试样的分析,对第二批试样的水灰比、外加剂及掺合料的掺量进行调整,如表 4.8 所示。

表 4.8 第二批试样试验数据表

编号	水灰比	外加剂/%				掺合料/%	流动度/mm	3 d 抗压强度/MPa
		减水剂	硫酸锂	聚丙烯酰胺	膨胀剂	硅灰		
1	0.30	0.30	0.60	0.04	0.015 0	0.50	224±5	41.01
2	0.30	0.30	0.60	0.08	0.020 0	0.50	208±5	37.60
3	0.30	0.30	0.60	0.10	0.025 0	0.50	193±5	33.00
4	0.30	0.30	0.60	0.04	0.020 0	0.50	219±5	34.80
5	0.30	0.30	0.60	0.08	0.025 0	0.50	203±5	29.40
6	0.30	0.30	0.60	0.10	0.015 0	0.50	226±5	29.10
7	0.30	0.30	0.60	0.04	0.025 0	0.50	225±5	19.80
8	0.30	0.30	0.60	0.08	0.015 0	0.50	238±5	14.80
9	0.30	0.30	0.60	0.10	0.020 0	0.50	228±5	19.20

表 4.8 显示水灰比 0.3 时,对外加剂及掺合料的掺量进行调整,6 个试样的 3 d 抗压强度均能达到 29.10 MPa 以上,且流动性均能保持在 193~226 mm 内,满足试验的要求。

为排除试验误差,对第二批试验的 6 个试样的配方再次试验以作为第三批试样,并且进行 3 d、5 d、7 d、28 d 的抗压强度试验,从中挑选出最优配方。

第三批试样试验数据整理如表 4.9 所示。

表 4.9 第三批试样试验数据表

编号	水灰比	外加剂/%			掺合料/%	流动度/mm	抗压强度/MPa				平均密度/(g·cm^{-3})
		减水剂	硫酸锂	聚丙烯酰胺	膨胀剂	硅灰		3d	5d	7d	28d	
1	0.30	0.60	0.04	0.015	0.50	3.00	225±5	37.00	39.10	41.60	54.10	2.09
2	0.30	0.60	0.08	0.020	0.50	3.50	200±5	39.70	41.70	43.60	55.30	2.09
3	0.30	0.60	0.10	0.025	0.50	4.00	192±5	48.00	52.30	54.90	66.60	2.11
4	0.35	0.60	0.04	0.020	0.50	4.00	215±5	40.50	46.20	48.30	56.80	2.08

续表 4.9

编号	水灰比	外加剂/%			掺合料/%	流动度/mm	抗压强度/MPa				平均密度/(g·cm^{-3})
		减水剂	硫酸锂	聚丙烯酰胺	膨胀剂	硅灰		3d	5d	7d	28d	
5	0.35	0.60	0.08	0.025	0.50	3.00	205±5	40.80	48.10	51.90	57.70	2.07
6	0.35	0.60	0.10	0.015	0.50	3.50	226±5	43.40	49.70	54.20	65.20	2.05

根据表 4.9 中的抗压强度数据，绘制第三批试样单轴抗压强度与龄期关系曲线，如图 4.9 所示。

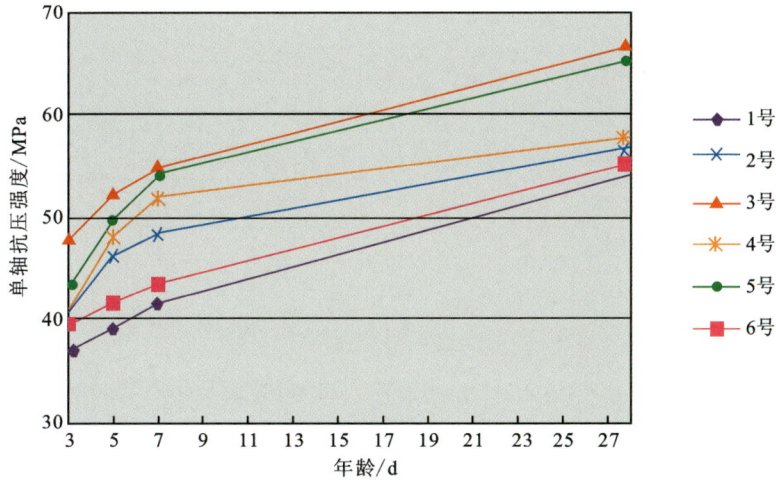

图 4.9　第三批试样单轴抗压强度与龄期关系曲线

结果显示，第三批试样中 3 号和 6 号配方 3 d、5 d、7 d 和 28 d 抗压强度均能保持逐步增长，后期趋于稳定。因此需测试 3 号和 6 号配方的其他性能指标。3 号和 6 号配方的试样单轴抗压强度与龄期关系曲线如图 4.10 所示。

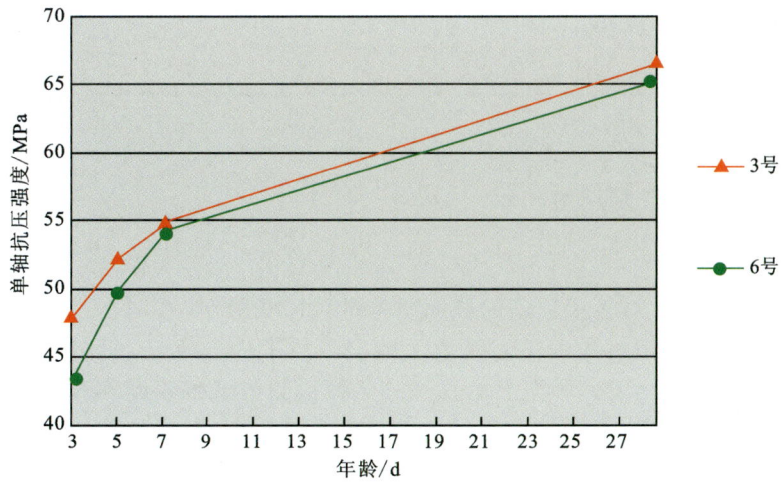

图 4.10　3 号和 6 号配方的试样单轴抗压强度与龄期关系曲线

3号和6号配方的试样实验数据如表4.10所示,均能达到试验要求,即具有早期强度高、浆液稳定性好、析水率低、流动性高、水下抗分散等特点,因此以3号和6号配方作为水下注浆浆液最优配比。

表4.10　3号和6号配方的试样实验数据表

编号	水灰比	外加剂/%				掺合料/%	凝结情况(h:min)		析水率/%	流动度/mm	平均密度/(g·cm⁻³)	抗压强度/MPa			
		减水剂	硫酸锂	聚丙烯酰胺	膨胀剂	硅灰	初凝	终凝				3 d	5 d	7 d	28 d
3	0.30	0.60	0.10	0.025	0.50	4.00	16:00	17:40	0.30	192±5	2.11	48.00	52.30	54.90	66.60
6	0.35	0.60	0.10	0.015	0.50	3.50	19:43	21:35	0.80	226±5	2.05	43.40	49.70	54.20	65.20

4.4.5　浆液配方

根据前面的试验结果,确定第三批试样中的3号和6号配方为水下注浆浆液的最优配比,两组最优配比见表4.11和表4.12。

表4.11　第一组浆液配方表(质量比)

水	水泥	聚羧酸高效减水剂/%	硫酸锂/%	聚丙烯酰胺/%	膨胀剂/%	硅灰/%
0.30	1	0.60	0.10	0.025	0.50	4.00

表4.12　第二组浆液配方表(质量比)

水	水泥	聚羧酸高效减水剂/%	硫酸锂/%	聚丙烯酰胺/%	膨胀剂/%	硅灰/%
0.35	1	0.60	0.10	0.015	0.50	3.50

4.5　注浆密实度检测

为了使应力波法能够对较长锚索的锚固质量进行可靠检测,在对深水锚索各项锚固参数深入了解的基础上,项目组对锚索锚固质量无损检测技术进行研究,研制了深水锚索锚固质量无损检测技术系统,提出了一种全新的预埋式无损检测锚索注浆密实度的方法并应用于深水地锚注浆密实度检测。该方法的检测设备安装与施工同步,有效地解决了材料的密封性以及耐久性问题,通过将激发装置和接收传感器全部内置在锚固体中,成功地实现施工、检测一体化。

根据模型试验得出,100％注浆密实度模型经上部25％破除后,波动频率明显降低,波动能量衰减更快,计算修正系数 $\beta=0.87$。

4.5.5 检测结果

通过对 DM-9、DM-10、DM-14、DM-24、DM-26、DM-28、DM-30 共7根深水地锚的无损检测结果可知,注浆密实度均大于80％,其中注浆密实度达到90％及以上的有6根,占比85.71％;80％～90％的有1根,占比14.29％。均判定为合格,满足设计要求。检测成果及波形见表4.12～表4.18。

表4.12　DM-9注浆密实度测试成果表

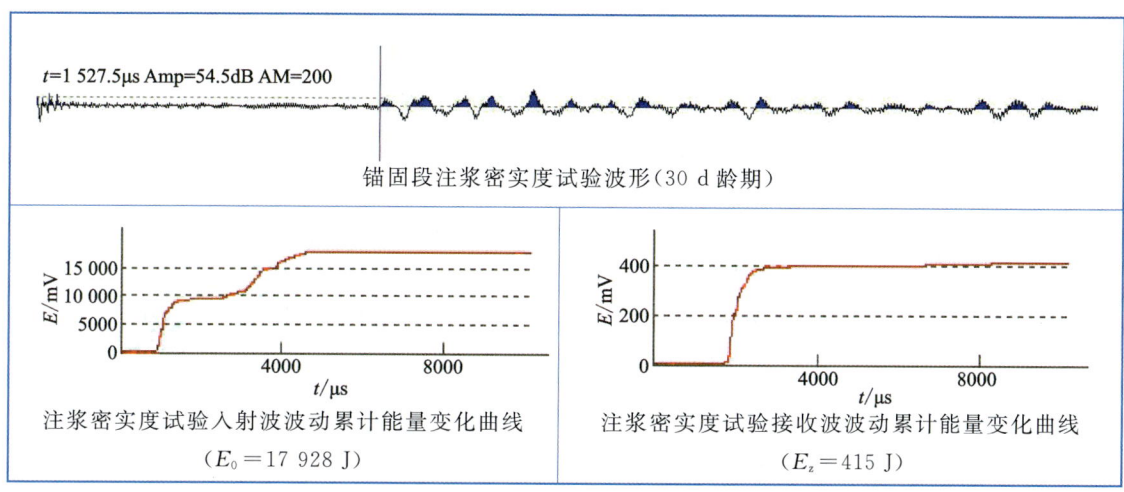

注:Amp.波形幅值;AM.放大增益;0 d龄期杆系波速 $v_p=5027$ m/s;30 d龄期杆系波速 $v_p=5566$ m/s;注浆密实度 $D=98.0\%$。

表4.13　DM-10注浆密实度测试成果表

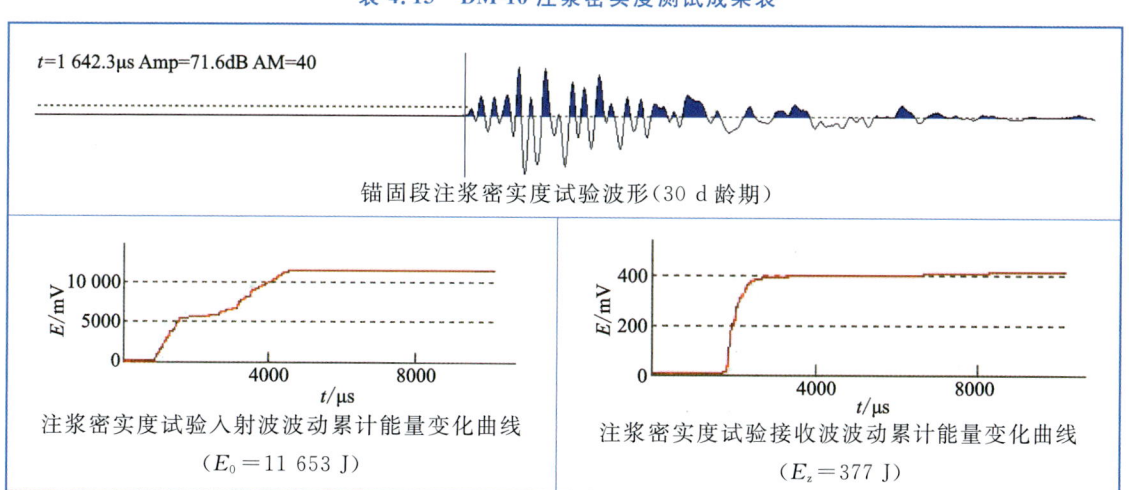

注:Amp.波形幅值;AM.放大增益;0 d龄期杆系波速 $v_p=5020$ m/s;30 d龄期杆系波速 $v_p=5524$ m/s;注浆密实度 $D=97.2\%$。

表 4.14　DM-14 注浆密实度测试成果表

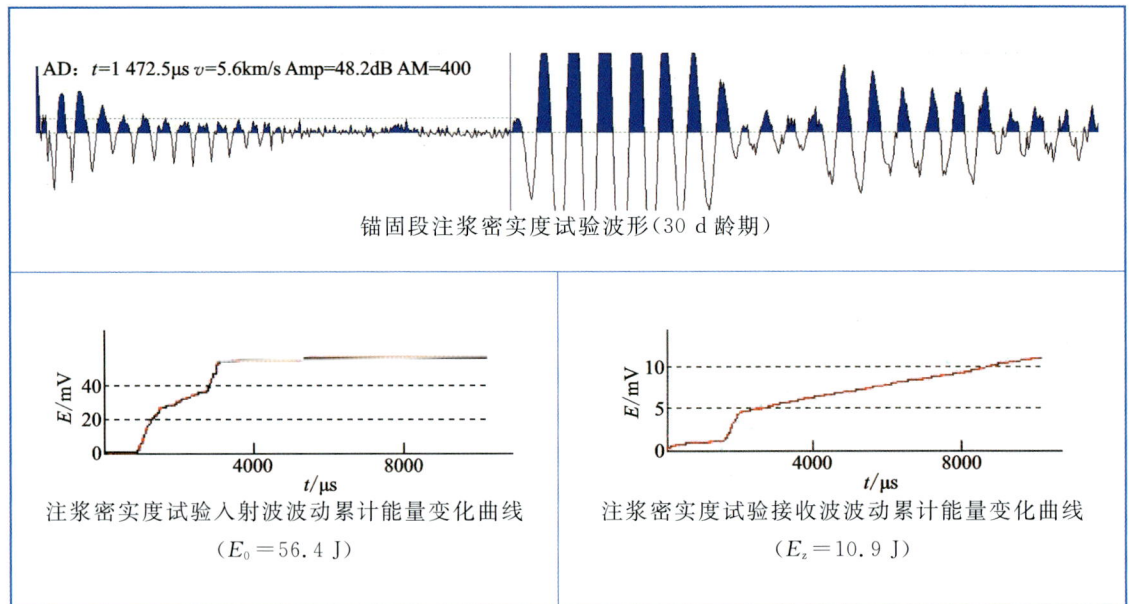

注：Amp. 波形幅值；AM. 放大增益；0 d 龄期杆系波速 $v_p=5030$ m/s；30 d 龄期杆系波速 $v_p=5540$ m/s；注浆密实度 $D=83.2\%$。

表 4.15　DM-24 注浆密实度测试成果表

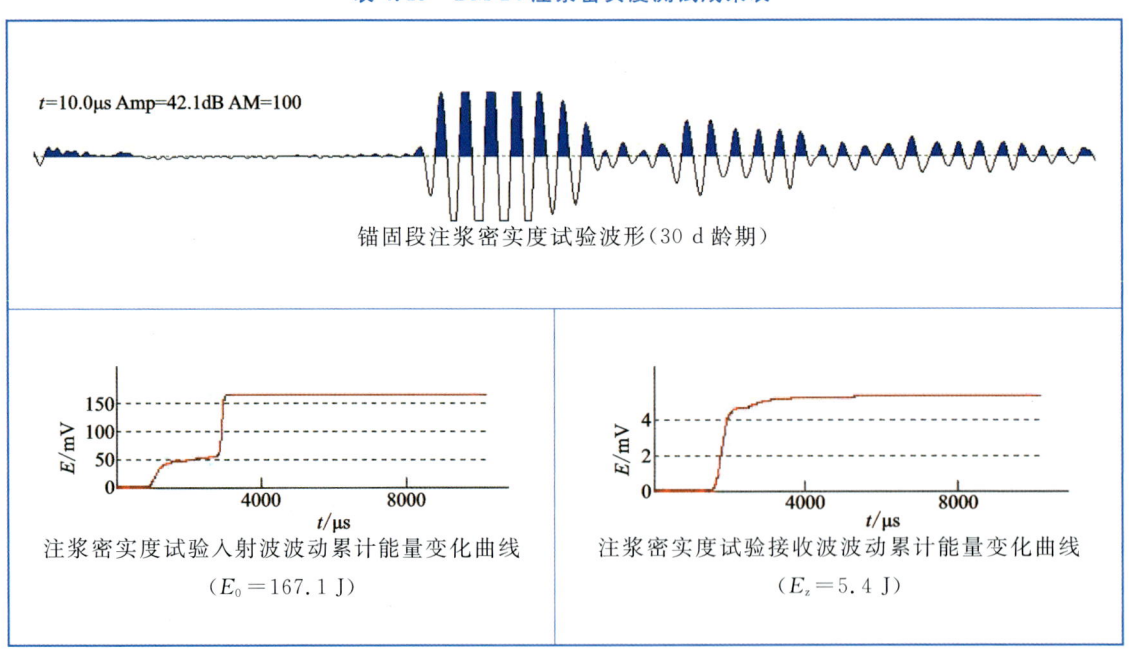

注：Amp. 波形幅值；AM. 放大增益；0 d 龄期杆系波速 $v_p=5020$ m/s；30 d 龄期杆系波速 $v_p=5529$ m/s；注浆密实度 $D=97.2\%$。

表 4.16　DM-26 注浆密实度测试成果表

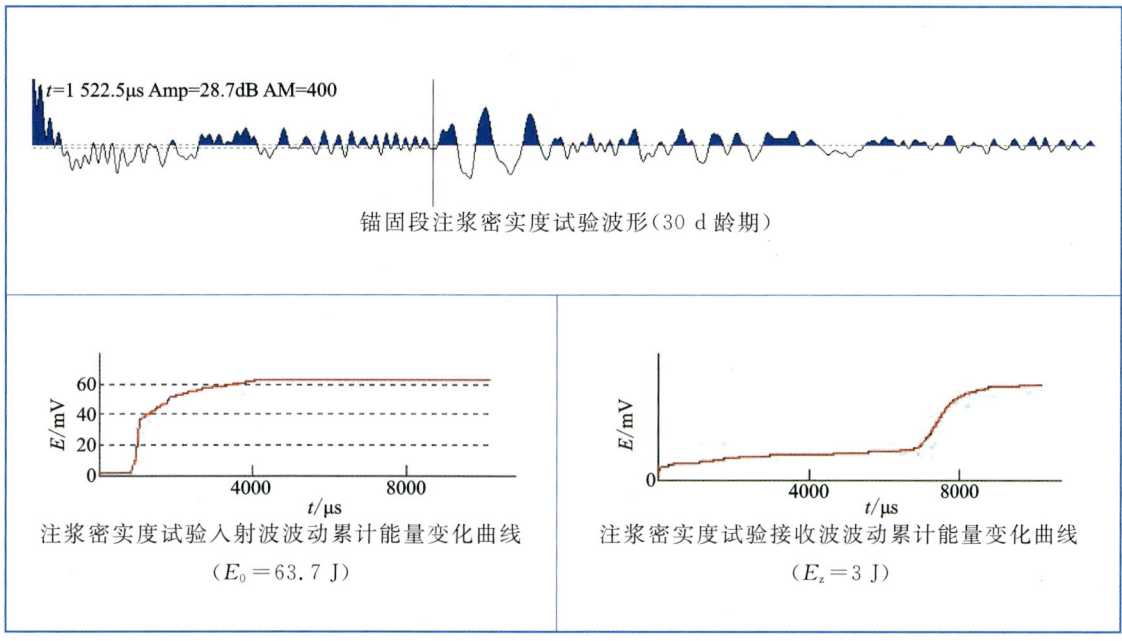

注:Amp. 波形幅值;AM. 放大增益;0 d 龄期杆系波速 $v_p=5010$ m/s;30 d 龄期杆系波速 $v_p=5544$ m/s;注浆密实度 $D=95.9\%$。

表 4.17　DM-28 注浆密实度测试成果表

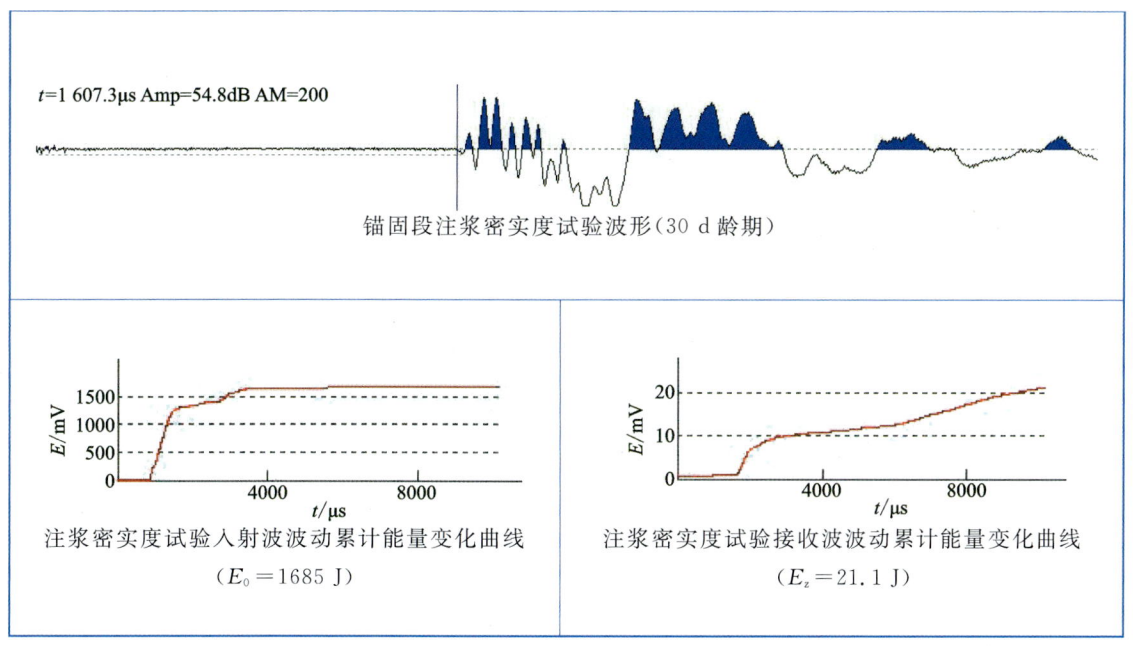

注:Amp. 波形幅值;AM. 放大增益;0 d 龄期杆系波速 $v_p=5020$ m/s;30 d 龄期杆系波速 $v_p=5554$ m/s;注浆密实度 $D=98.9\%$。

表 4.18 DM-30 注浆密实度测试成果表

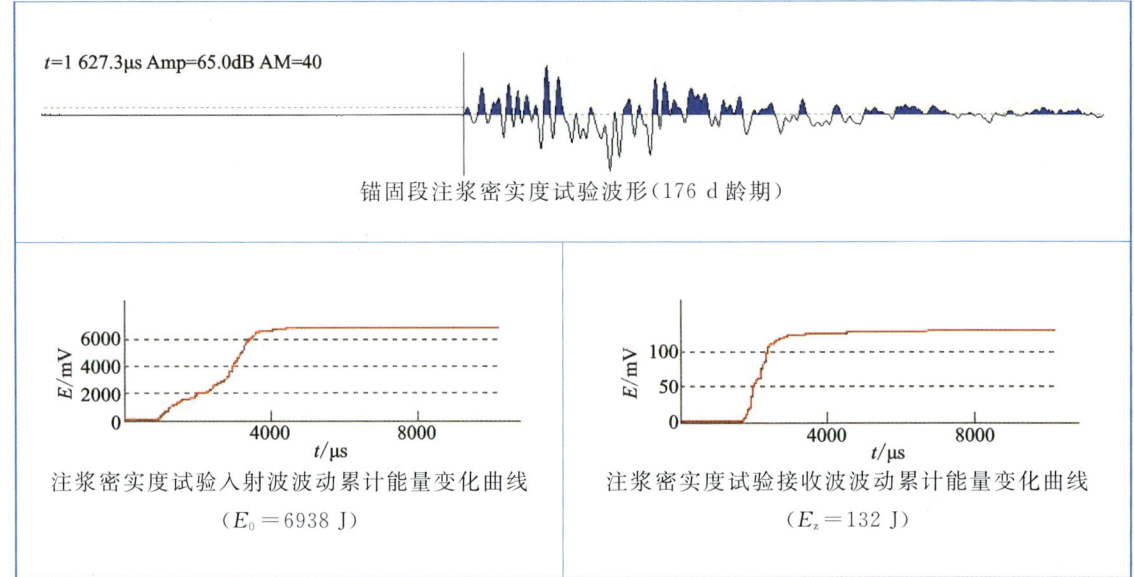

注:Amp. 波形幅值;AM. 放大增益;0 d 龄期杆系波速 v_p＝5005 m/s;176 d 龄期杆系波速 v_p＝5536 m/s;注浆密实度 D＝98.3%。

激发装置采用预埋式微型电火花(图 4.20),整个探头部分直径为 30 mm,长度为 120 mm,探头外壳除底部为聚氨酯外,其余部分均为高强度不锈钢材料,保证密封。顶部引出 3 根管线:一根直径为 10 mm 放电电缆,一根直径为 6 mm 光纤(用于触发),一根直径为 6 mm 通气管(用于放炮时排气及补充放电用水)。探头内部充满水,放电电极置于探头内部水中。

电火花激发主机系统

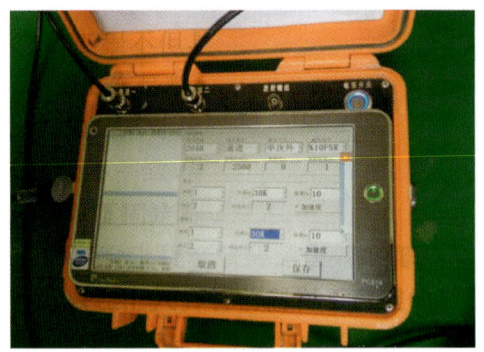
信号采集系统

图 4.20 电火花激发主机及信号采集系统

接收系统采用频域宽广且稳定性较好的加速度传感器组合系统(图 4.21)。单个传感器直径为 22 mm,长度为 20 mm。传感器外壳为高强度不锈钢材料,传感器完全密封。传感器顶部引出一根直径 6 mm 的屏蔽电缆。

深水陡坡开孔

5.1 高压水射流法

5.1.1 概述

江河、湖泊及海上等水域钻探服务面广,其主要特点是相比陆上钻探,水上钻探因为受水位、流速、季节、气象、风浪、潮水、地质、地形等多因素影响,钻探工程实施起来难度更大,特别是在深水区实施钻探时风险更大。如三板溪水电站水下钻孔施工最大水深为 160 m(水位高程 470~475 m,库底高程 310 m),远超过一般水下钻孔施工的经验水深。

三板溪低温水治理项目布置了若干数量的水下锚索孔,有部分水下锚索位于两岸岸坡上,钻孔为铅直孔,水深超过 100 m,左岸岸坡 40°~50°,岩石风化较深;右岸岸坡 45°~60°,最大坡度达 60°,基岩裸露。深水钻孔作业时,隔水套管和钻杆长细比大,刚度差,周边无约束,遇到倾斜高陡构造岩层,隔水套管或钻杆无法在陡坡上"站脚",没加压就在自重作用下顺坡向往下滑移,导致无法开孔。

深水陡坡开孔一直是困扰工程界的技术难题,采用水下机器人辅助开孔,施工成本大量增加。目前还没有一种技术可靠、安全有效、经济快速的深水陡坡开孔技术。

三板溪水下钻探最为突出的困难是大部分钻孔位于水深较大区域,而且有些钻孔布置在深水区下的斜坡或陡坡区,库底地形复杂。如果直接下入隔水套管,套管将无法生根,也无法实施后续钻探过程。传统钻探工艺技术不可控。探索深水陡坡开孔技术对该工程具有重要的参考价值。

5.1.1 高压水射流法

利用高压水射流配备硬质磨料进行水下岩石切割,形成钻窝后钻孔。主要难点:

(1)水下隔水管在斜坡上的站位问题。隔水套管是钻具在水下的通道,可保障安全环保作业,同时起着定位的作用。由于施工区位于水库淹没区域,水深较深。水下钻孔前,隔水套管要下入设计预定的位置。但是当着陆点位于库底或岸坡不能稳固套管时,隔水套管的着陆固定问题就是须首要解决的难点。

(2)水下陡坡地貌的高效造窝问题。水射流技术已经大量应用于地表的切割作业,水射流切割技术可以实现岩石切割,但在水下进行切割,特别是深水陡坡条件下的斜坡硬岩切割

"造窝"技术还需进行应用突破。

(3) 水下不可视环境下高压水射流切割的工艺和设备配套问题。地面水射流已经广泛应用于金属或非金属的冷切割,在切割岩石饰材方面也得到了实际应用,但在水下不可见盲区进行具有背压的陡坡切割目前应用极少,其切割工艺和设备与常规相比差异较大,为解决切割岩石所用的工艺和设备配套问题,可以优化水下切割工艺,形成实际工程的设备配套推荐方案和建议,达到服务工程的目的。

(4) 高压水射流刀盘装置的设计和应用。依托三板溪水电站低温水治理试验工程,基于高压水射流刀盘结构类型、高压水刀的空间布置和水刀安装形式、水力参数优化等技术内容,设计了长钻杆连接的高压水射流刀盘装置,可以服务工程现场,实现水下高效切割的目的。

5.1.2 国内外技术现状和研究内容

超高压/高压水射流切割技术是20世纪90年代兴起的一门新兴技术,广泛应用于冶金、航空、机械、石油、化工、船舶、建筑、电力、市政建设等领域,具有冷态切割及对材料无选择性的特点,这种技术有别于火焰切割、激光切割、等离子切割等热切割技术。高压水射流切割具有应用范围广、切割效率高、环境危害小等特点。磨料颗粒高速射流具备较好的冲击和磨削作用,对软、硬、韧、脆、金属或非金属材料均可切割加工。因此,水射流切割技术已经从普通石材的切割,扩展到工业非金属材料、复合材料、超硬耐磨材料、贵金属材料等特种材料的切割应用。该技术作为一种新工艺,以高压磨料射流形式为主,在非常规切割中,以独特的优势得到了越来越广泛的应用。

高压水射流切割常用于切割金属材料和石料,通过提高"射流线"的移动速度,能在被切割体上留下一定深度的切缝和一定形状的凹槽,在设备、磨料供给系统等内形成含有一定比例磨料的超高压水射流,实现切割、钻孔、铣削、抛光等一体化目的。高压水射流和刀盘等终端执行机构,可改变切割的路径,实现对姿态的控制。通过对高压水射流的移动控制,可实现定点切割并满足不同切割缝形状的要求。

在含磨料水射流的实际应用中,一般使用粒径为40目、60目、80目及120目的磨料。当磨料粒径较大时,容易堵塞管路或喷嘴;当粒径过小时,粒子产生的动能减小,水射流的切割能力也随之减小。工业切割时常用的磨粒磨料是石榴石砂,磨料粒径一般为60目或80目。水下淹没条件下的磨粒磨料的选择与切割效率和水下造窝效率及质量息息相关。

俄罗斯、美国、澳大利亚、匈牙利、印度等国家先后在煤矿、铀矿、磷矿、铝土矿、含金砂矿、建筑砂矿中引入水射流技术,进行了水力采矿的研究试验性开采,取得了不同程度的进展和成效。胡郁乐等(2004)基于射流切割技术设计了几种具有伸缩式水枪结构的喷射反循环式水采装置,用于钻孔水力采矿。

一些资料认为:①从水枪喷嘴喷射出来的高压射流由三部分组成,即起始射流、过渡射流和两相射流,最理想的碎岩距离应位于过渡射流区;②喷嘴的直径越大,射流的总冲击力衰减得越慢,需要的水压也较低,但过大的喷嘴直径会影响射流水功率的配备;③被射流卷进的原有液体形成所谓的涡流空洞,它对周围进一步造成负压,促进岩块的扰动剥落,同时使岩屑不沉淀,有利于造窝;④射流体打击岩石后的反弹将会抵消部分射流冲击功,应考虑减小反弹或改变反弹方向使之避开射流。这些特点对合理设计水枪喷嘴均有借鉴的价值。

总之,超高压/高压水射流切割技术,以及机器人技术在冶金、航空、机械、石油、化工、船舶、建筑、电力、市政建设等领域均得到了成功应用,依托水射流理论的高压水射流切割具有切割效率高、环境危害小等优势。

高压水射流(枪)在水淹没条件下的切割能力与空气中的自由射流状态完全不同,研究其切割效率对水下切割岩石、钢件或构筑物具有重要的意义。

水下高压水射流切割关键技术包括高压水射流孔在刀盘上的布置、高压水射流孔个数、刀头的结构、射流角度以及切割范围、切割走刀速度、射流孔与被切割物体的靶距等,根据切割对象的强度采取一定的切割压力,在被切割物体表面形成一定深度和宽度的缝,以达到切割的目的。

高压水射流切割主要用于工件或材料的加工,在石油钻探领域水力切割主要用于套管开缝和切割。钻孔水力采矿也是高压水射流的应用扩展。研究表明钻孔水力开采的效率在很大程度上取决于射流喷枪的切割、打击能力。理论上,水枪能力与喷嘴的几何形状、流道造型、喷嘴的几何尺寸、喷嘴的内表面光洁度、射流工艺参数(如泵压和流量),以及喷距等诸多参数有关。

在深水淹没条件下的高陡坡开孔,特别是依托高压水射流切割倾斜岩石技术未见应用。由于在水下进行钻孔作业时经常遇见倾斜岩层,如直接用钻机进行钻孔,常因钻头受力不均匀或钻进速度快而出现钻孔偏斜现象,使垂直度达不到要求。因此在高陡坡情况下切割环形孔难度较大。图5.1为在水下60~80 m深处与水平方向呈60°左右的倾斜岩层上,切割一个环形孔工作示意图,要求切割一定深度,如0.3~0.5 m以方便套管坐底生根。基于水底斜面造窝技术需要聚焦深水不可视条件下的硬岩切割技术,并且这种技术应用具有广谱性、多学科性,需要钻探技术、碎岩技术、切割设备、切割工艺和切割工装等技术的集成。

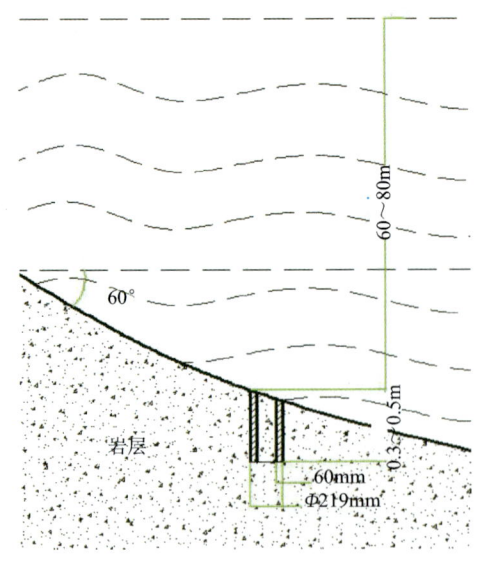

图5.1 高陡岩石坡面水力切割成孔

因此,在淹没条件下的射流切割需要结合工程实际对象在射流理论、射流材料、岩石水射

图 5.5 切割效果图

从高压射流理论入手,研究深水条件下的水力碎岩效率。碎岩过程中的碎岩冲击效果研究,包括单相流(水)、多相流(含石榴石以增强碎岩效果)、不同孔深部位、孔内淹没(不同背压)条件下的冲击功或力、压力分布、流速分布、扰动半径等参数设计计算和仿真。

5.1.3.2 射流喷嘴的优化和选型

磨料高压水射流俗称"水刀""水切割"。喷嘴是水射流的能量转换部件,喷嘴设计的好坏直接影响到喷嘴水射流的动力学性能和内部流场的分布情况。由伯努利方程可知,忽略进口速度 v_i,出口速度 v_o 为

$$v_o = \sqrt{\frac{2\Delta p_{th}}{\rho}} \tag{5-13}$$

喷嘴理论流量特征曲线方程为

$$Q = A_0 \sqrt{\frac{2\Delta p_{th}}{\rho}} \tag{5-14}$$

式中:Q 为通过喷嘴的流量(L/s);A_0 为出口的横截面积(mm^2);Δp_{th} 为喷嘴理论压损(MPa);ρ 为流体综合密度(g/cm^3)。

理论上对于相同过流面积的喷嘴，通过相同流量时，所需的压差是一样的。在实际工况下，射流流量必然随喷嘴的结构特性而变化。在工程上，喷嘴流量特性通常用喷嘴的流量系数来表示。喷嘴流量系数等于通过喷嘴的实际流量与其理论流量的比值，通常用流量系数 μ 表示。即

$$\mu = \frac{q}{Q} \tag{5-15}$$

式中：q 为通过喷嘴的实际流量（L/s）；Q 为通过喷嘴的理论流量（L/s）；μ 为流量系数。

流量系数表征喷嘴的能量传输效率，对于不同特征参数的喷嘴，其能量损失不同，流量系数不同。喷嘴的特征能量损失取决于喷嘴的结构参数，对于出口直径相同的喷嘴，其内壁轮廓曲面的光滑程度成为决定喷嘴能量转化的关键因素。水射流的实际流量较小，压力较大，故具有较大的压力能，输出功率由式（5-16）表达：

$$N = \rho q \frac{v_0^2}{2} \tag{5-16}$$

式中：N 为喷嘴输出功率（W）；ρ 为流体密度（kg/m³）；q 为射流流量（m³/s）；v_0 为射流出口速度（m/s）。

由式（5-16）和流速公式可知：喷嘴的射流功率就是产生射流的压力与喷嘴面积的函数，喷嘴直径的变化对射流功率的影响比压力的变化影响要大。

喷嘴的结构参数有以下几个方面。

1. 喷嘴直径

喷嘴直径是重要的结构参数。一般地，喷嘴内径越小，越容易被堵塞，水耗越大；相反，喷嘴内径越大，则喷嘴越不容易被堵塞，水耗越小。当压力一定时，水射流冲击力随其出口直径的增大而增大；流量一定时，喷嘴出口直径的增大会降低出口速度。

2. 锥度

喷嘴锥度大小直接影响射流的形态，不同射流条件对应于不同的最优锥角。锥度一般为 $8°\sim13°$。适当缩小喷嘴的锥度，射流的总长度会增加，射流的扩散率会减小。

3. 喷嘴长径比

喷嘴长径比（喷嘴出口圆柱段长度与出口直径的比值）对水射流的动力性能影响显著，它的大小不但直接影响流动的阻力和喷嘴的流量系数，而且细长型的可以将更多的压力能转换为射流的速度能。因此，合适的长径比可以将更多的压力能转换为射流的速度动能。喷嘴长径比过大会在圆柱段产生阻力损失。在过渡段直径相同的情况下，长径比越大，喷嘴的性能越好，喷嘴的压力值越大，轴向速度也越大而喷嘴内部的紊流越小。

4. 过渡比

收缩段与平直段之间有一段过渡圆角，过渡圆角直径与总长度的比值为过渡比。水射流经过收缩段时会以高度紊流的状态射入，一定长度的过渡段对水射流起到稳定作用，降低紊流形态。过渡比的大小直接反映喷嘴过渡段的大小与内轮廓的光滑程度。

图5.6为喷嘴实物图，因为混入磨料砂，又称为水刀砂管。材料主要是钨合金或氧化锆工业陶瓷。正常情况下，水刀砂管的使用寿命大概是150 h，但是实际使用过程中使用寿命往往达不到这个数值。

图5.6 水刀砂管

对高压水射流喷嘴流道结构进行研究和选择具有工程意义。圆形喷嘴是高压水射流中最常用的喷嘴，其内部基本结构可分为入口段、过渡段和稳定段3个部分。入口段为高压水射流的入口，保证水射流能够正常进入；过渡段直径不断地缩小，压差变化大，对水射流起到加速作用；稳定段对射流起到集束和稳定的作用。传统喷嘴类型有平直形喷嘴、锥形喷嘴和锥直形喷嘴等几种，复杂加工可形成余弦形喷嘴、漏斗形喷嘴和高斯形喷嘴，如图5.7所示。喷嘴流道的结构参数一般涵盖收缩段、过渡段、平直段等几部分。通过仿真模拟可以进一步优化喷嘴流道。

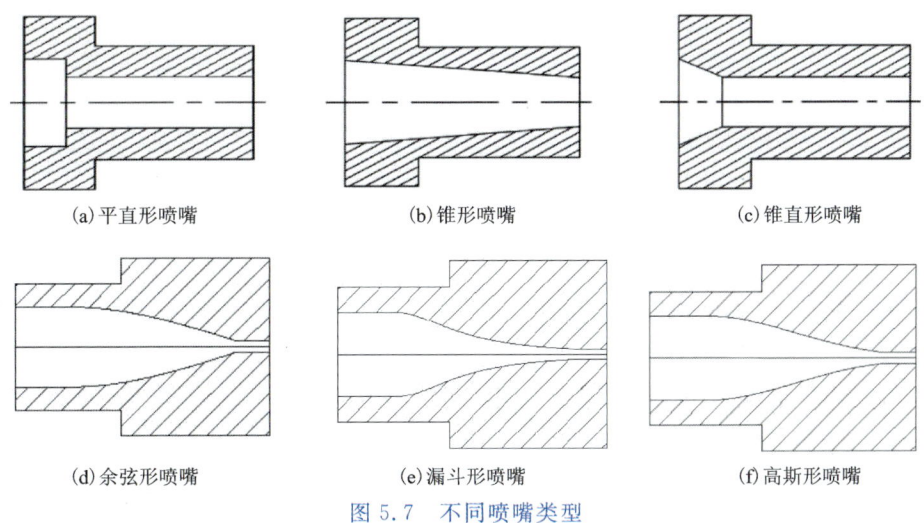

图5.7 不同喷嘴类型

通过仿真获取的压力分布云以及速度云图数据，可以得出轴向速度曲线以及打击面的轴向动压力曲线，为喷嘴的选型提供重要的依据。

5.1.3.3 水刀在淹没条件下仿真及数据分析

1. 模型建立及网格化

利用模拟软件 ANSYS-Fluent 对不同结构参数喷嘴的射流效果进行模拟，首先，对喷嘴和外部流场进行二维建模。将喷嘴和外部流场设为一个整体,其中外部流场的长宽设为10 mm×50 mm,将喷嘴的中心位置与外部流场的中轴线向对接,如图5.8所示。

完成建模后,利用ANSYS-Fluent软件自带划分网格模块(GUI)对模型进行网格划分。Fluent网格划分方法指的是在进行CFD模拟之前,将要模拟的几何体离散化为有限的网格,以便在计算中进行数值求解的过程。由于实验所用的模型属于常规轴对称模型,为了降低模型的溢出现象,提高模型在运行过程中的收敛率,所以选用结构化网格对模型进行网格划分。

对模型进行边界条件类型的命名如图5.9所示。设定流体从喷嘴模型中Inlet端口从左至右输入,然后喷嘴其他部位为Wall边界,即固体壁面。而在外部流场分别设置Outlet出口端口以及Wall边界。

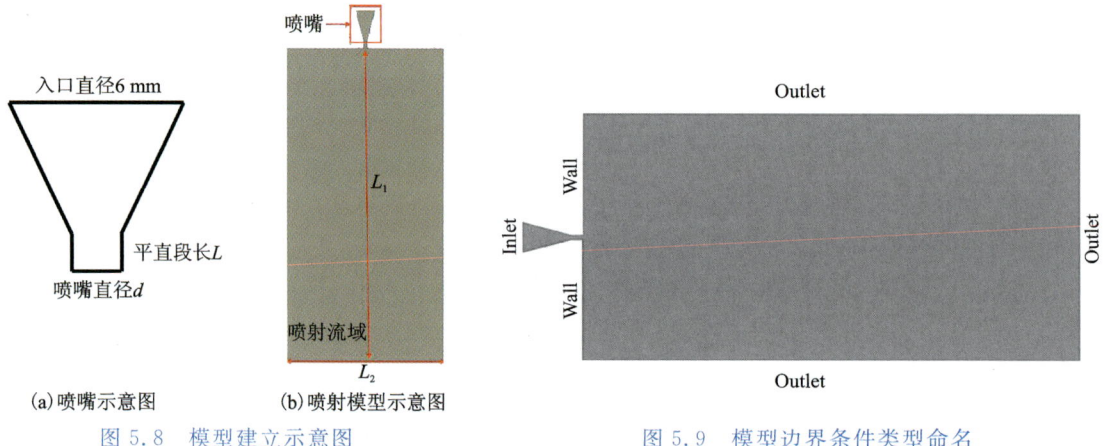

图5.8 模型建立示意图　　　　图5.9 模型边界条件类型命名

在对网格划分时采用结构化网格。网格整体尺寸控制为0.1 mm,对喷嘴处的网格进行加密处理,这样更有利于模型在计算过程中收敛,提高计算效率。

2. 模型边界条件

将模型的多相流模型和黏度模型确定后,对模型的参数进行设定。模型选用压力基类型、瞬态、绝对速度以及2D平面空间进行求解。在计算过程中考虑重力加速度,设重力加速度的方向为垂直向下,即$-y$方向,取加速度为-9.81 m/s^2。然后进行网格检查。

材料选取过程中,由于只存在水的作用,因此只建立密度为998.2 kg/m^3,黏度为0.001 003 kg/(m·s)的水。由于模型不考虑固体和流体之间的物理化学反应、热传导等问题,所以在固体材料方面采用系统默认的固体材料。

在Fluent中边界条件的设置主要包括模型的进出口边界条件、壁面条件以及内部表面边界。模型首先设置Inlet压力进口中混合相的相关参数,设喷嘴入口压力为40 MPa,湍流强度为5%,水力直径为10 mm。然后对第二相水相进行设置,设其体积分数为1,表明从Inlet压力进口进入的相全部为水相。在Outlet压力出口中设置表压为水深160 m处的水压,以及5%的回流湍流强度,将回流湍流黏度比设为10,水相设置的体积分数为0。在Wall壁面条件中设置壁面运动为静止壁面,且无滑移的剪切条件。

黏度模型选择k-epsilon(k-ε)模型中的Realizable模型,这种模型解决了一些原始模型的问题,特别是在某些流场情况下产生非物理结果的可能性。模型对湍流涡黏性引入了额外的约束,以确保该模型的预测始终保持物理实现性。

求解方法选择 Fluent 中最常用的求解方法——SIMPLE(Semi-Implicit Method for Pressure-Linked Equations)。在求解过程中对计算监控中的残差进行设置。主要目的是在求解过程中对流场变量的残差进行监控和控制,控制数值解的收敛性和稳定性。通过监控残差,可以判断数值解是否趋于稳定,如果残差值较小,表示数值解已经较为接近精确解,即达到了收敛状态。反之,如果残差值较大,可能需要进行更多的迭代步骤,或者调整求解参数,以提高求解的精度和稳定性。设置残差收敛标准,即残差达到一定阈值时停止迭代过程,或者设置最大迭代步数,确保求解过程在合理时间内收敛。实验将迭代曲线显示最大步数设为1000 步,在方程中对连续性、x-速度、y-速度的绝对标准设为 1×10^{-6} m/s,k 值、ε 值的绝对标准设为 1×10^{-5}。

最后对模型的运行计算参数进行设置,其中时间步长设为 0.000 05 s,迭代次数设为 10 次,时间步数设为 500 步对模型进行计算。

3. 模拟结果

1)不同直径喷嘴

控制入口直径 6 mm 和平直段长度 2 mm 不变,改变喷嘴直径的大小,研究其效果,结果如图 5.10 所示。

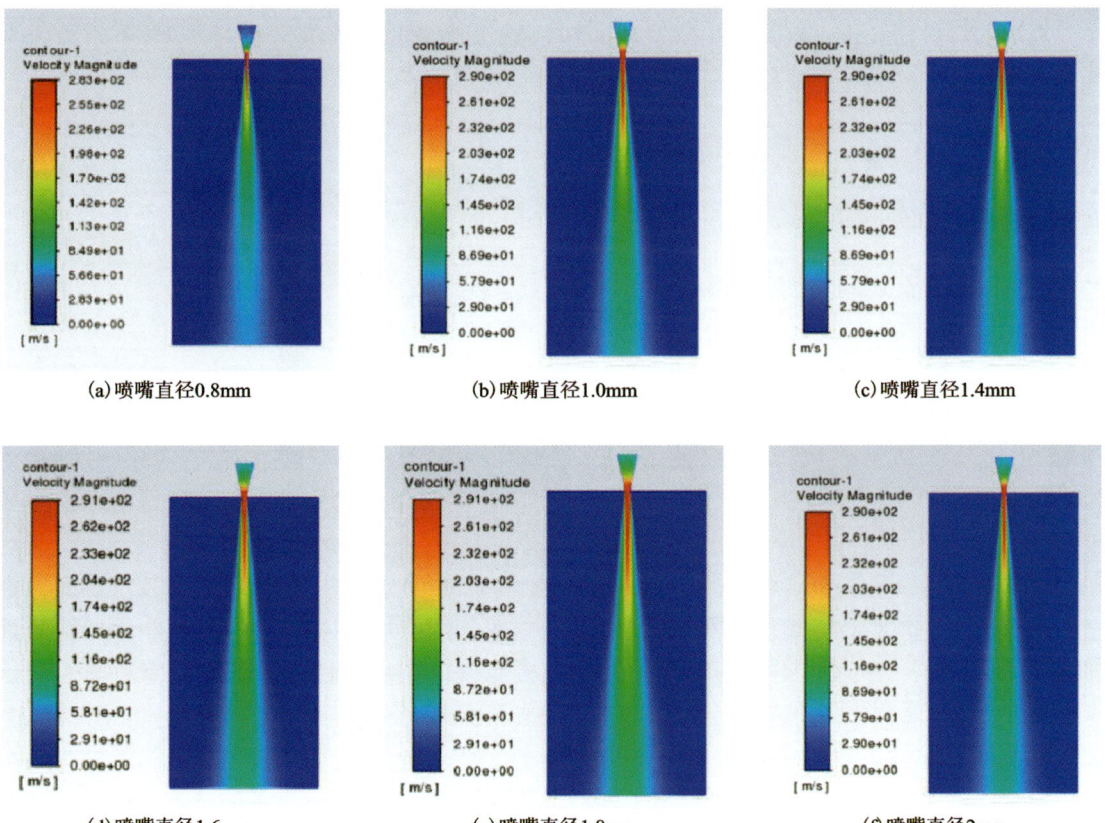

图 5.10 不同直径喷嘴流速云

由图 5.11 可以看出，随着距喷嘴口的距离越远，流速逐渐减小；改变喷嘴直径对喷嘴出口处的流速影响不大，但是增大喷嘴直径后，大直径喷嘴在远离喷嘴的轴向方向上（图 5.8 中 L_1），流速均大于小直径喷嘴。在模拟的 6 个喷嘴中，2 mm 直径的喷嘴，喷射效果最好。

由图 5.12 可以看出，除了在模拟流域场边缘外，在出口（即图 5.8 中 L_2 位置）的任一位置处，大直径喷嘴的流速大于小直径喷嘴的流速。

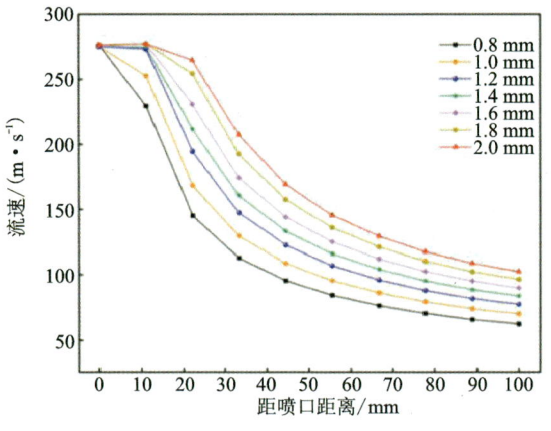

图 5.11 不同直径喷嘴沿轴向方向上的流速　　图 5.12 不同直径喷嘴在出口径向方向的流速

2）不同长径比

控制入口直径 6 mm 和喷嘴直径 1 mm 不变，改变喷嘴长径比的大小，模拟效果如图 5.13 所示。

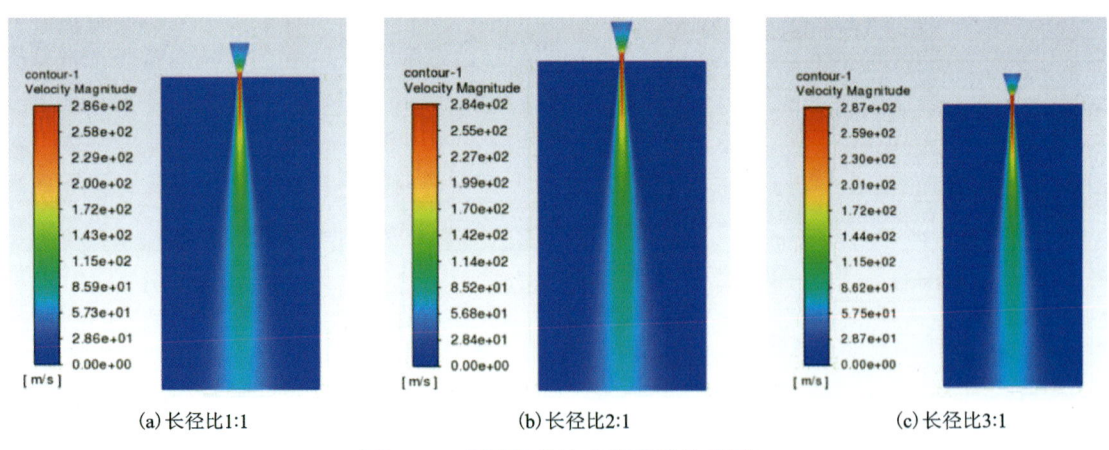

(a) 长径比 1∶1　　(b) 长径比 2∶1　　(c) 长径比 3∶1

图 5.13 不同长径比喷嘴模拟效果图

由图 5.14 可以看出，改变喷嘴的长径比，在设置的 100 mm 长度区间内，对沿着喷嘴径向的流速影响不大。由图 5.15 可以看出，改变喷嘴的长径比，在出口（即图 5.8 中 L_2 位置）的任一位置处，流速变化都不大。

3）不同靶距

以 2 mm 锥直形喷嘴为例，模拟结果如图 5.16 所示。

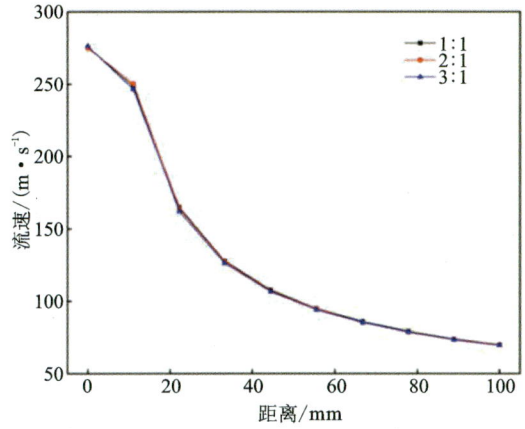

图 5.14　不同长径比喷嘴沿轴向方向上的流速

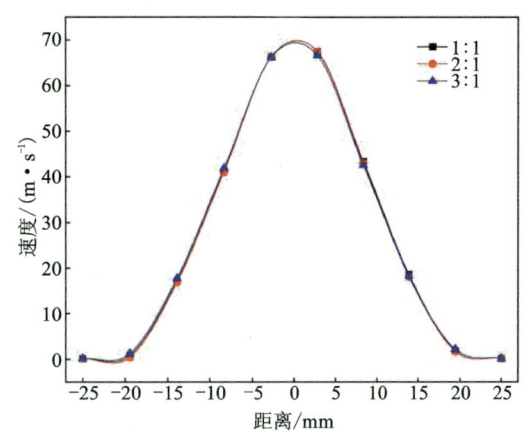

图 5.15　不同长径比喷嘴在出口处的流速

由图 5.16 所示,当靶距较大,达到喷嘴直径的 15 倍后,射流到物体冲击面速度将会下降,产生的射流冲击力较小;当靶距较小,如图 5.16 中的 2 倍喷嘴直径,射流较紧密,仅在射流中心很小的范围内流速较快,射流较为集中,产生的冲击力有限;而 5～10 倍喷嘴直径处,射流速度大且射流较为扩散,能够形成很好的切割效果。

4)同喷射压力

以 2 mm 锥形喷嘴为例,控制喷嘴的长径比、入射角不变,改变入口处的压力,研究压力改变对射流效果的影响(图 5.17)。

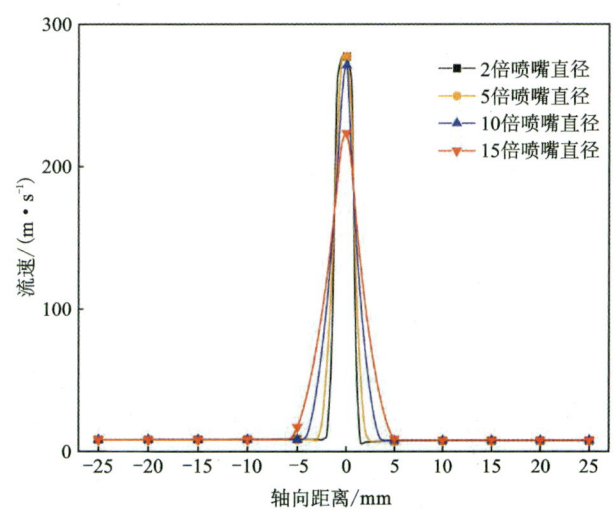

图 5.16　不同靶距位置流速对比图

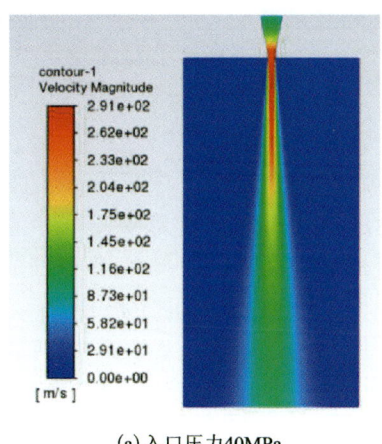

(a)入口压力40MPa

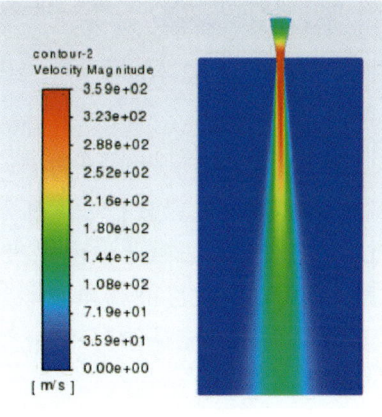

(b)入口压力60MPa

图 5.17　不同喷嘴模拟效果图

如图5.18、图5.19所示,在提高喷嘴入口压力的情况下,能够明显提高射流在轴向和径向上的流速,40 MPa下轴向上的最大射流速度为276.32 m/s,最小流速为102.23 m/s;60 MPa下轴向上的最大射流速度为340.72 m/s,最小流速为126.04 m/s,相较于40 MPa,最大射流速度和最小射流速度分别提高了23.31%、23.29%。

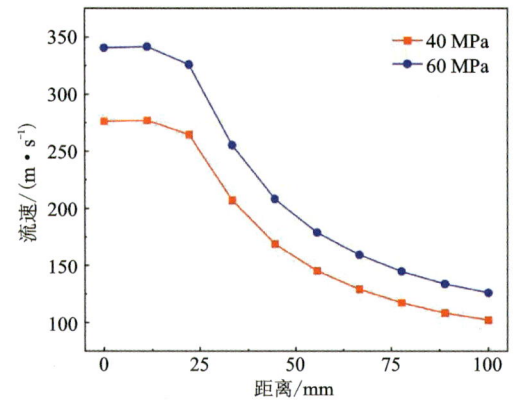
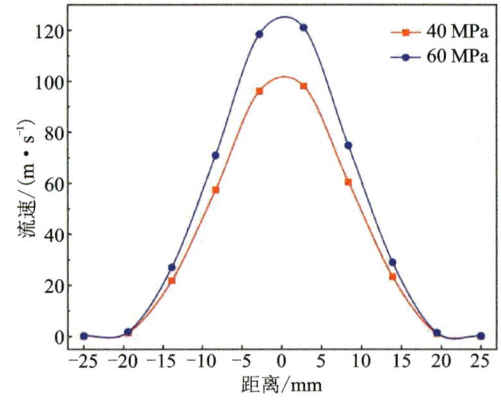

图5.18 喷嘴在不同入口压力沿轴向方向上的流速　　图5.19 喷嘴在不同入口压力下出口径向方向的流速

5)不同喷嘴形状

以2 mm直径喷嘴为例,在不改变喷嘴入射角、入口压力、长径比的情况下,研究喷嘴形状对射流的影响,结果如图5.20所示。

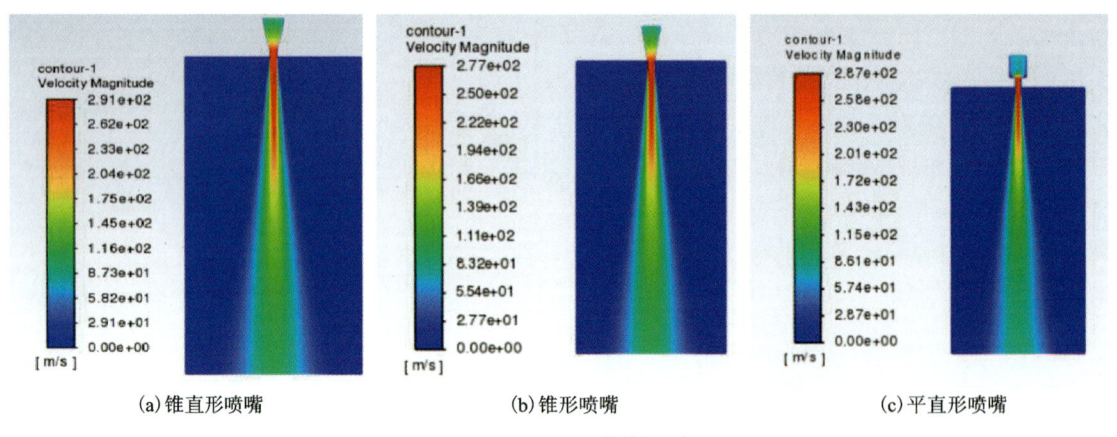

图5.20 不同形状喷嘴模拟效果图

如图5.21所示,在喷嘴的轴向方向上,锥直形喷嘴相较于锥形喷嘴和平直形喷嘴,在各个位置上的流速均表现良好;如图5.22所示,锥直形喷嘴相较于锥形喷嘴和平直形喷嘴,在出口轴向中心处的流速更优;由此说明锥直形喷嘴相对于其他两种喷嘴有更好的射流效果。这是因为锥直形喷嘴具有较优的收缩段形状,这会大大减少漩涡的产生,使压力能更快更有效地转化为动能,从而减少能量的损耗。

6)不同入射角

以2 mm直径的锥直形喷嘴为例,在不改变入口压力、长径比的情况下,研究喷嘴入射角对射流的影响,结果如图5.23所示。

5 深水陡坡开孔

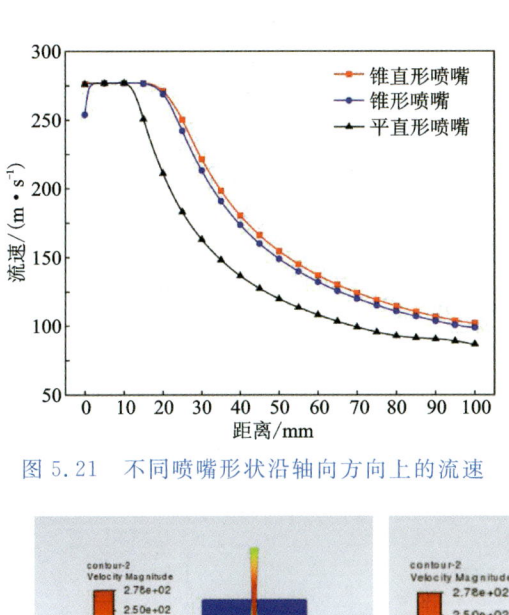

图 5.21 不同喷嘴形状沿轴向方向上的流速

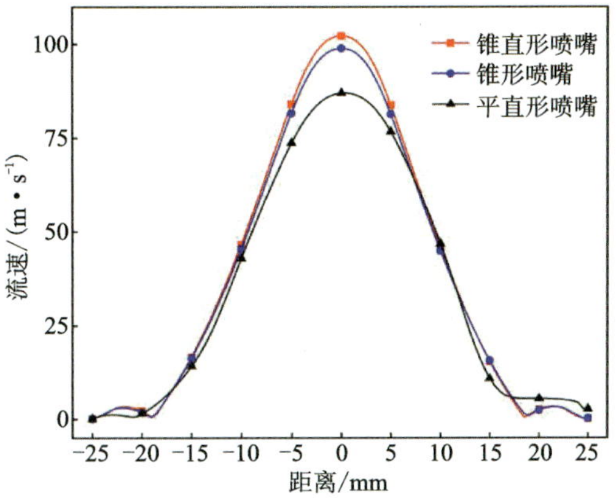

图 5.22 不同喷嘴形状沿出口径向方向上的流速

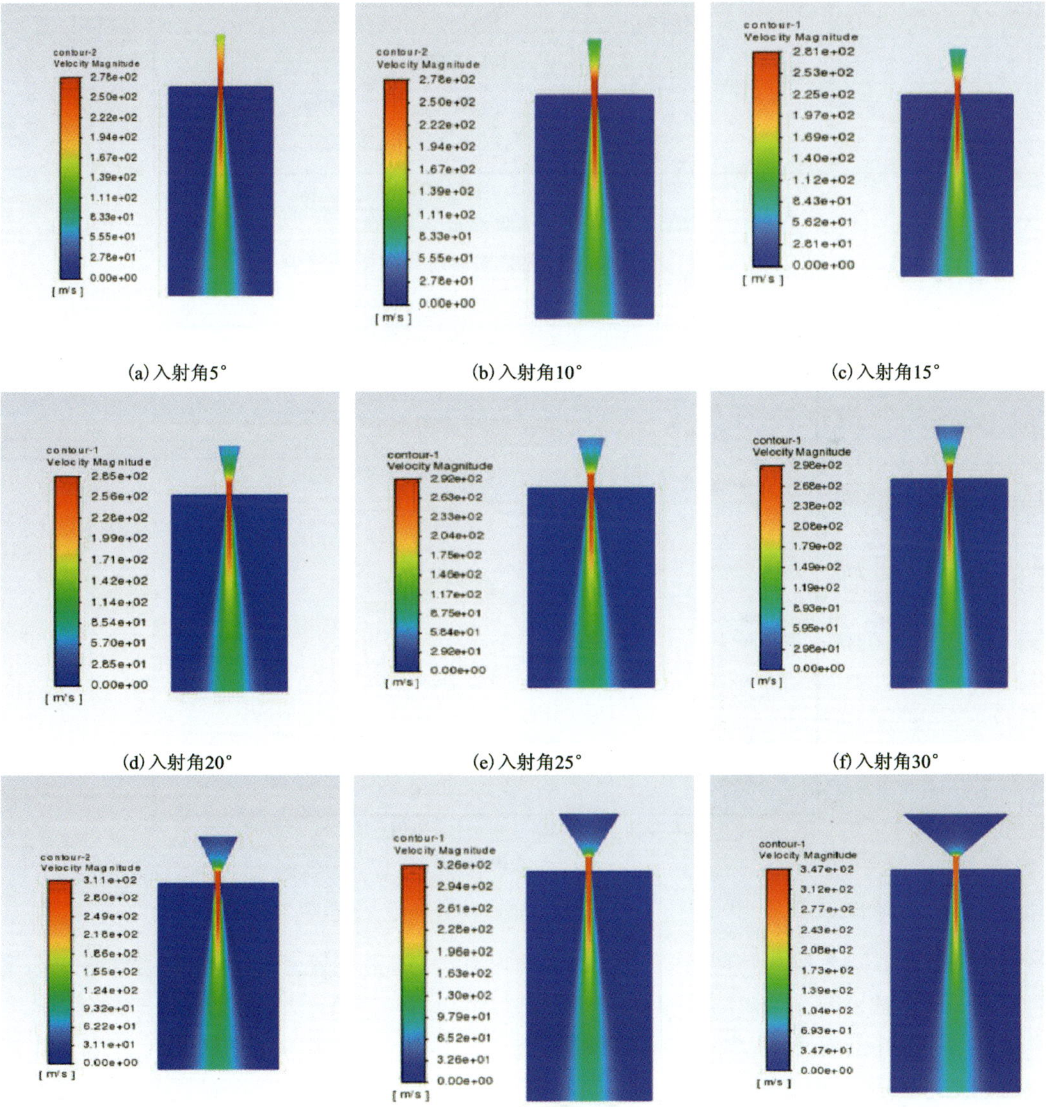

(a) 入射角5°

(b) 入射角10°

(c) 入射角15°

(d) 入射角20°

(e) 入射角25°

(f) 入射角30°

(g) 入射角40°

(h) 入射角60°

(i) 入射角90°

图 5.23 不同入射角喷嘴流速云

如图 5.24 所示,入射角角度从 5°～90°均呈现出一种稳定后急剧下降的趋势,当喷射距离大于 20 mm(即 10 倍喷嘴直径)后,入射角 15°的喷嘴喷射效果略优于其他入射角的喷嘴;当喷射距离较小,如图 5.25 所示,此时入射角 5°的喷嘴表现效果最好。

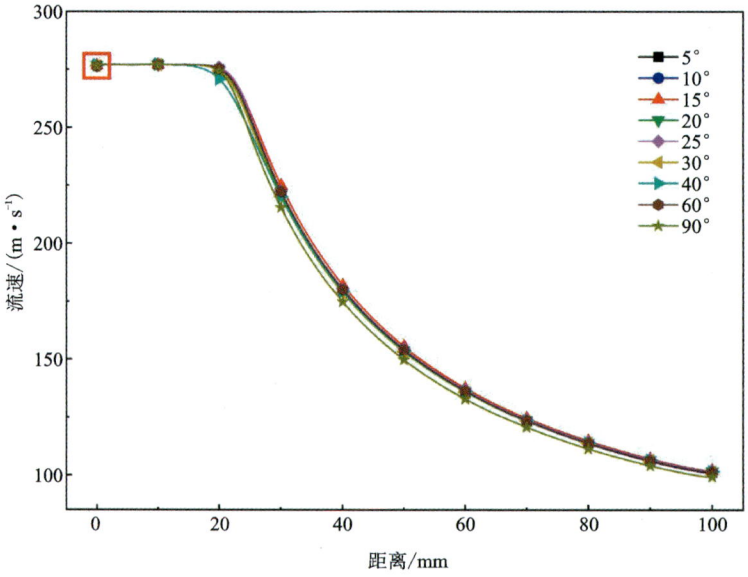

图 5.24　不同入射角喷嘴在轴向方向上的流速

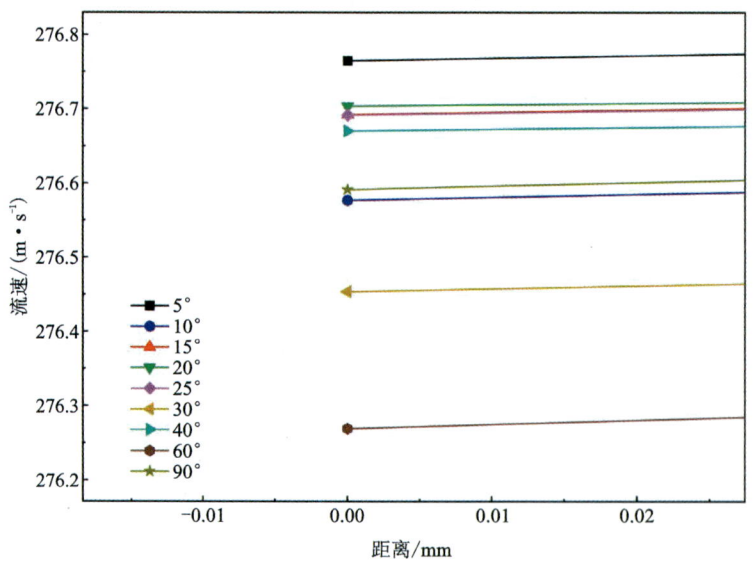

图 5.25　图 5.24 的局部(红色框中)放大图

同时,对比不同入射角喷嘴在 5 倍、10 倍喷嘴直径(即最优靶距处的流速)处的流速,来观察射流效果,结果如图 5.26 所示。

由图 5.26 可以看出,无论是在 5 倍喷嘴直径还是在 10 倍喷嘴直径处,入射角为 5°的喷嘴的流速大于其他入射角的喷嘴,因此可以看出,入射角为 5°的喷嘴在最优靶距处具有更好的射流效果。

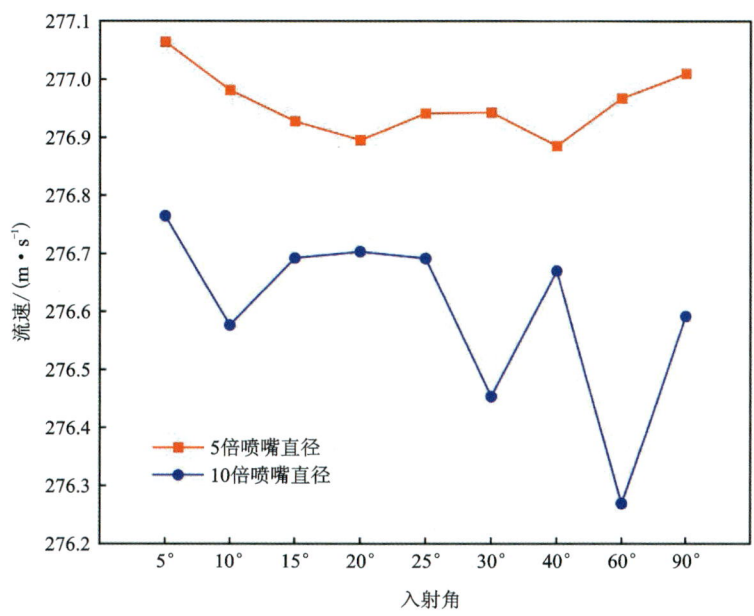

图 5.26 不同入射角喷嘴在 5 倍、10 倍喷嘴直径处的流速

7) 模拟结果表明

(1) 水射流在流场入口处速度呈断崖式下降,在出口处速度成伞形分布。平直形喷嘴压应力集中在喷嘴进口处,变径处压差变化明显,极易产生紊流,速度损失大。锥形喷嘴压力和压差分布都比较均匀,出口射流流速较大,但水射流比较扩散,动压力值小,原因是无平直段的稳定作用;锥直形喷嘴压力云集中,直管段压力值比较大,由于喷嘴收缩段比较短,压差变化大,有突变,易产生紊流。总之,喷嘴结构如有突变,则轴向速度衰减较快。较优的收缩段形状与长度会大大减少漩涡的产生,使压力能更快更有效地转化为动能,从而减少能量的损耗。通过不同形状的喷嘴流道线形仿真,具有过渡圆角流线形流道的喷嘴结构特性最佳,但由于流线形喷嘴存在加工困难,故本次选择锥直形喷嘴。针对磨料颗粒混合射流,由于喷嘴结构参数"锥度"的收束性会大量聚集磨料,造成喷嘴内壁磨损。对喷嘴入口的后壁面与上下壁面进行圆角过渡优化,可减少磨料的聚集性。

(2) 喷嘴的长径比为 2.5~3.5 时,具有较优的切割性能。分析认为喷嘴入口收缩段,水的流速增长很快,到达直柱段时已接近最大速度,此后以较小的加速数值至距离喷嘴出口 2 倍直径处,而后开始减速。

(3) 岩石受到的冲击力距离喷嘴有一定距离。当靶距很小时,射流较紧密,产生的冲击力有限;当靶距适当增大时,射流扩散,射流作用到物体冲击面后大量液体会形成反溅,从而形成较大的冲击力;当靶距继续增大时,射流作用到物体冲击面速度将会下降,产生的冲击力也会相对降低。分析认为:针对磨料混合流,粒子在喷嘴外流场核心区加速,达到速度最大值,等速核区长度大概为喷嘴直径的 4~10 倍,射流靶距位于喷嘴直径的 4 倍时,此区域岩石能得到较好的切割效果。

(4) 磨料的加入对水射流速度的分布趋势云以及衰减程度的影响与未加入磨料时相似,磨料水射流比纯水射流具有更好的冲击力。由于磨料介质的加入,让液固二相流的研究变得复杂。磨料与水混合均匀问题、喷嘴磨损问题以及磨料水射流特性等方面均值得研究。喷嘴的收缩角、混合腔长度、壁面过渡结构等都对磨料聚集和磨料对喷嘴内壁的磨损有重要影响。当喷嘴的收缩角和长径比较小时，有利于减少对喷嘴的磨损。增长喷嘴的直线段和减小收缩角度可以提高射流的出口速度。

(5)喷嘴喷射参数的影响程度，射流压力最大，其次为靶距，再次为射流冲击角，模拟结果表明：水射流的冲击角(切割角度)直接影响切割效果，如45°切割角的切割效果较优。

5.1.3.4　射流水刀的数量优化

理论模型：

1. 喷嘴压力降

$$\Delta p_b = k_b Q^2 \tag{5-17}$$

式中：Δp_b 为喷嘴压降(MPa)；Q 为流量(L/s)；k_b 为喷嘴压降系数，无因次量。

$$k_b = \frac{554.4 \rho_d}{A_J^2} \tag{5-18}$$

式中：ρ_d 为流体密度(g/cm³)；A_J 为喷嘴截面积(mm²)。

$$A_J = \left(\frac{554.4 \times \rho_d \times Q^2}{p_s - \Delta p_{cs}} \right)^{0.5} \tag{5-19}$$

式中：ρ_d 为流体密度(g/cm³)；Q 为流量(L/s)；p_s 为泵工作泵压(MPa)；Δp_{cs} 为循环系统压力损耗(MPa)。

2. 喷嘴的水功率

$$p_b = \Delta p_b \times Q \tag{5-20}$$

式中：p_b 为喷嘴水功率(kW)；Δp_b 为喷嘴压力降(MPa)；Q 为流量(L/s)。

3. 射流喷射速度

$$V_J = \frac{1000Q}{A_J} \tag{5-21}$$

式中：V_J 为射流喷射速度(m/s)；Q 为流量(L/s)；A_J 为喷嘴截面积(mm²)。

4. 射流冲击力

$$F_J = \rho_d \times V_J \times Q \tag{5-22}$$

式中：F_J 为射流冲击力(N)；ρ_d 为流体密度(g/cm³)；V_J 为射流喷射速度(m/s)；Q 为流量(L/s)。

5. 喷嘴的数量和尺寸

喷嘴的数量和尺寸是由水力学参数优化设计结果确定的，喷嘴的当量直径可由排量和设计喷嘴压降计算得到。

$$\begin{cases} F_J = \rho_d \times V_J \times Q\Delta p = \dfrac{0.05\rho Q^2}{A^2} \\ A = \dfrac{1}{4}\pi D^2 \\ D = \sqrt{\sum\limits_{j=1}^{n} d_j^2} \end{cases} \qquad (5\text{-}23)$$

式中：Δp 为喷嘴设计压降(MPa)；Q 为流量(L/s)；ρ 为泥浆密度(g/cm³)；A 为喷嘴过流面积(mm²)；D 为喷嘴当量直径(mm)；d_j 为第 j 个喷嘴的直径(mm)；n 为喷嘴个数。

6. 射流效率

喷嘴效率可用喷嘴输出能量与输入能量的比值来表示，公式为

$$\eta = \dfrac{0.5\rho v_2^2}{p_0 Q_0} \qquad (5\text{-}24)$$

式中：ρ 为水射流密度(kg/m³)；v_2 为水射流出口速度(m/s)；p_0 为喷嘴入口处压力(MPa)；Q_0 为喷嘴入口容积流量(m³/s)。计算时应使用 v_2 的平均值。

喷枪上每个喷嘴对其内部的高压水都会有一定的分流作用，所以喷嘴的个数会影响喷嘴出口处水射流的动压和速度，从而影响水力碎岩效率。高压水进入喷枪，经过各个阶段的能量损失之后离开喷嘴，从高压水管注入不同泵量的高压水，就会在喷嘴出口处得到具有不同动压和速度的水射流，所以入口泵量是影响水力切割效率的重要因素。

分别对喷嘴数为 1 个、2 个、3 个、4 个、5 个、6 个的喷枪在不同入口泵量条件下进行分析比较，其中各组喷枪喷嘴组合见表 5.1，泵量分别为 30 L/min、35 L/min、38 L/min、45 L/min、50 L/min、55 L/min、63 L/min、65 L/min、70 L/min、75 L/min、80 L/min、95 L/min、110 L/min、120 L/min。根据上述压力降、水功率、射流速度、射流冲击力公式计算出各个参数，通过 Origin 绘制出折线图(图 5.27～图 5.29)。

表 5.1 各组喷枪喷嘴组合

喷嘴个数/个	喷嘴直径/mm
1	2
2	2、1.5
3	1.5、2、2
4	1.5、1.5、2、2
5	1.5、1.5、2、2、2
6	1.5、1.5、1.5、2、2、2

通过比较可以发现，在其他条件相同的情况下，随着喷嘴数增加，压降、喷射速度、射流冲击力、水功率都呈减小趋势。在其他条件相同的情况下，随着入口泵压增大，压降、喷射速度、射流冲击力、水功率也呈增大趋势。由图 5.27 分析可知，当喷嘴数量由一个增大到 3 个时压降大幅减小，由 3 个增大到 6 个时压降减小幅度下降。喷射速度、射流冲击力、水功率折线图也有相同趋势。同时在喷嘴数量较多的情况下，例如 4 个、5 个、6 个时入口泵量对压降、射流

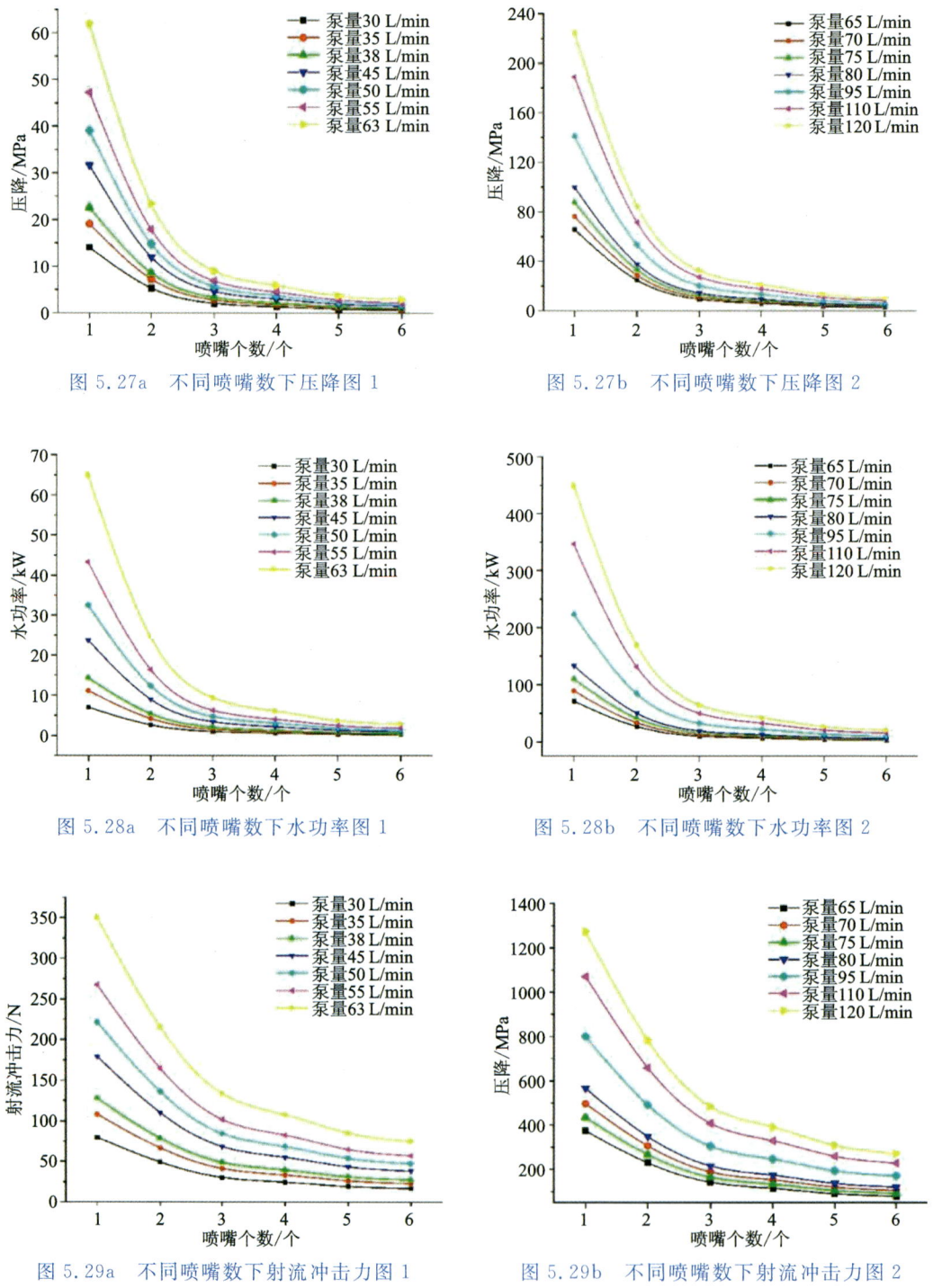

图 5.27a 不同喷嘴数下压降图 1　　　　　图 5.27b 不同喷嘴数下压降图 2

图 5.28a 不同喷嘴数下水功率图 1　　　　图 5.28b 不同喷嘴数下水功率图 2

图 5.29a 不同喷嘴数下射流冲击力图 1　　图 5.29b 不同喷嘴数下射流冲击力图 2

冲击力、水功率影响较小,在喷嘴数量较少时,入口泵量对压降、射流冲击力、水功率影响较大。综上所述,在入口泵量较大时可以选用较多喷嘴数量的喷嘴来减小压降。在入口泵量较少时可以选用喷嘴数较少的喷枪来增大喷射速度、射流冲击力、水功率等。

建立的试验用旋转水刀如图 5.30 所示。

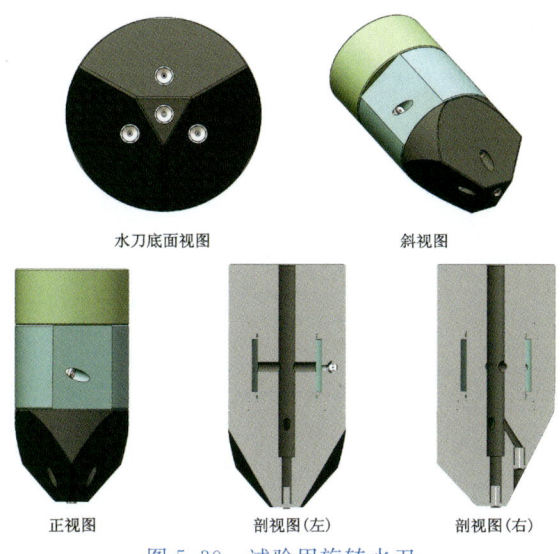

图 5.30　试验用旋转水刀

5.1.4　高压水射流切割岩石的设备配套

磨料水射流是由纯水射流发展而来的,通过磨料水射流喷嘴加速形成固液两相流。由于固体磨料的加入加大了磨料水射流对靶面的冲击力,比纯水射流有更好的水射流工作效率。深水陡坡条件下的切割效率和水下造窝质量与开孔工艺及射流配套设备有直接关系。目前的水力射流切割设备主要是针对地面对象的切割,在深水条件下需要进行设备适应性的配套。根据设备配套再进一步调整工艺,以实现高效造窝。

5.1.4.1　基本原理

高压磨料水射流发生装置的主要功能是将低压水转换成高压水,并与磨料进行一定比例的混合,形成高压磨料水射流。结构包括高压混料设备、高压泵、高压管汇系统和控制系统等。混料方法包括后混磨料法和前混磨料法。

(1)后混磨料喷射原理。依据喷射器的抽吸原理,将磨料颗粒引入液体射流中,依靠高速液体射流给磨料颗粒加速形成磨料射流。原理如图 5.31 所示。

(2)前混磨料喷射原理。前混合磨料射流是高压泵输出的水流经过调节阀通向磨料罐的顶部入口,依靠磨料入口和混合腔之间产生的压差(高压水通过喷嘴而形成高速射流,并在混合腔内产生一定的真空)及其自重的共同作用,使磨料罐中的水与磨料初步混合形成似液体流化状态,然后再与另一股高压水流在高压输送管路中的混合室进行进一步均匀混合,再加压送至喷头(图 5.32)。整个设备系统复杂,这种方式虽然容易堵塞喷嘴,但液体与磨料混合最均匀,磨料颗粒获得的能量也最高,作业效果好,此原理被广泛采用。前混合模式如果磨料粒径过大,用于圆锥长直线喷嘴会降低磨料水射流出口流速。

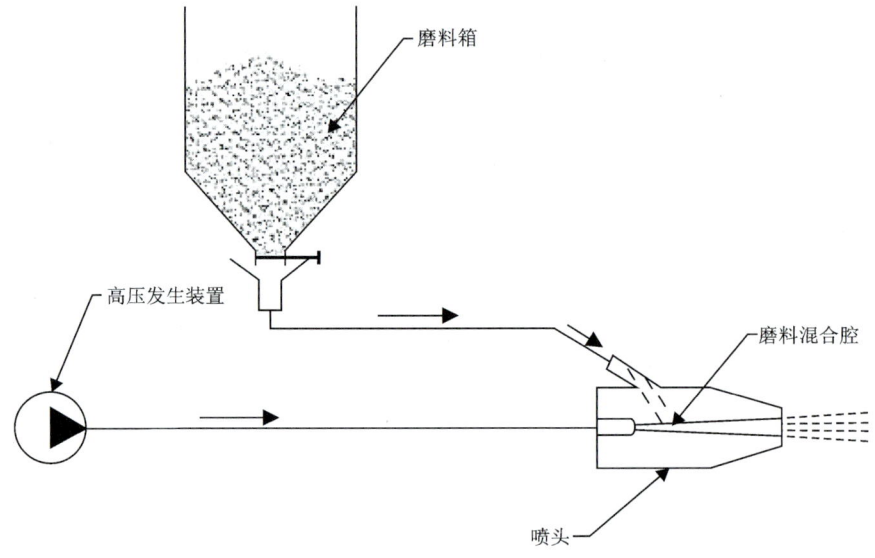

图 5.31 后混磨料喷射原理

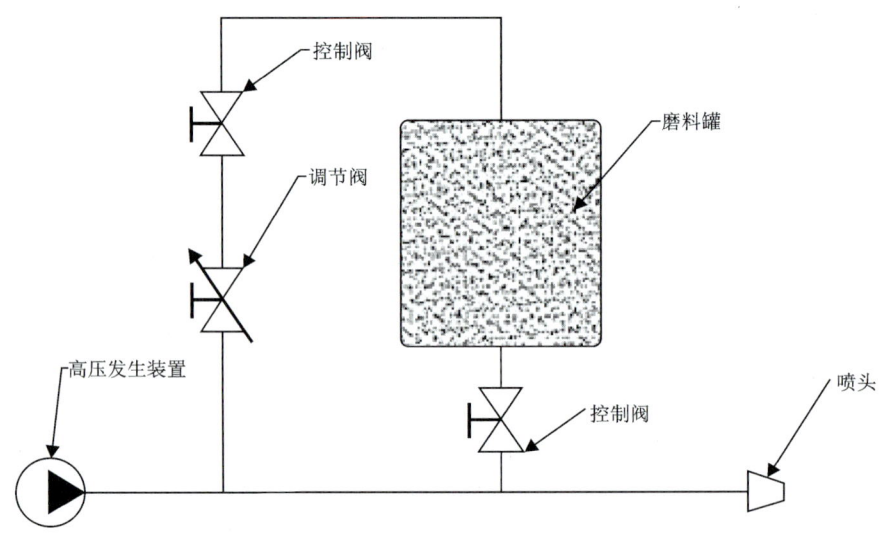

图 5.32 前混磨料喷射原理

5.1.4.2 高压磨料水射流发生装置

水射流按工作压力的大小、工作与环境的介质、固壁条件和流体特性等进行归类。工作压力 0.5~35 MPa 属于低压、35~140 MPa 属于高压、140~420 MPa 属于超高压。

连续磨料水射流发生装置是一种可以连续不间断工作的前混合磨料水射流发生装置,压力、流量可调可控;同时采用前混合两相磨料混合技术,可在较低的压力下实现较高的切割效率。该装置主要由高压水发生装置及连续磨料混合装置两部分构成,如图 5.33 和图 5.34 所示。表 5.2 为高压水射流设备系列参数表。

5 深水陡坡开孔

图 5.33 高压水发生装置

图 5.34 连续磨料混合装置(外观和内部)

表 5.2 高压水射流设备系列参数表

功率/kW	额定压力/MPa	额定流量/(L·min^{-1})	备注
55	50	50	动力机:电机或柴油机。 底座:固定式或移动式。 配备:安全阀、调压阀、压力表、精滤器。 附件:系列喷嘴、软硬管
55	70	35	
75	50	70	
75	70	50	
75	100	35	
90	70	65	
90	100	45	
90	150	30	
110	70	80	
110	100	55	
110	150	38	
160	70	110	
160	100	75	
160	150	50	
200	100	95	
200	150	63	
250	100	120	
250	150	80	

· 131 ·

高压水发生装置采用电动机作为动力,带动水泵工作,将低压水转换为高压水,该装置的性能参数见表5.3。

表5.3 高压水发生装置参数

指标	单位	参数
最大工作压力	MPa	70
最大流量	L/min	36
功率	kW	45
电压	V	380
电流	A	84.7
转速	r/min	150～1480
外形尺寸(长×宽×高)	mm	2100×1400×2150
设备质量	kg	2000
水箱容积	L	300

连续磨料混合装置主要功能是将高压水与磨料进行混合,形成高压磨料水混合物,在方便操作的同时还能连续工作,采用磨料自动添加技术及磨料连续供给技术,实现磨料自动连续混合功能。连续磨料混合装置主要由两个相同的磨料罐体构成,在工作过程中循环交替使用,从而达到连续作业的目的。该装置技术参数见表5.4。

表5.4 连续磨料混合装置技术参数

指标	单位	参数
最大承压能力	MPa	126
最大容积	L	30
控制方式	—	触控
外形尺寸(长×宽×高)	mm	1880×950×1720
设备质量	kg	700

5.1.4.3 高压射流磨料

高压磨料发生装置产生的高压水磨料混合物通过高压软管输送至作业终端的切割枪处,高压水通过喷嘴喷射出去,形成高压水射流切割。

单纯以水介质的高压水射流形式进行作业,效率低且能量消耗大,在水射流束中混入磨料颗粒形成磨料射流。磨料射流极大地提高了液体射流的切割效率,使得射流在较低压力下即可进行高效作业。

磨料主要采用一定粒度和一定硬度的石榴石砂或棕刚玉。石榴石摩氏硬度为7～8,密度为3.5～4.3 g/cm³,韧性好,边角锋利,可在不断粉碎分级中形成新的棱角和边刃,其研磨能力优于其他磨料。而棕刚玉的摩氏硬度更大,切割效率更高,但对砂管的磨损也大,导致砂管的寿命降低,使用成本远远大于石榴石砂。故石榴石砂通常作为水射流磨料,如图 5.35 所示。

 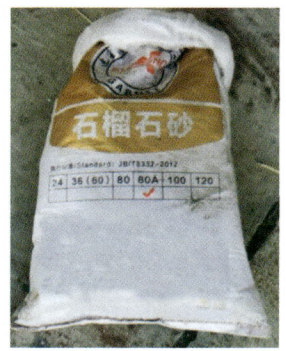

图 5.35 石榴石砂

5.1.5 深水条件下切割刀盘的方案设计

水下切割属于淹没射流,与非淹没射流和自由射流不同,水下切割为非定常,分为非淹没射流和非自由射流两种。水下钻孔切割工装为作业终端,淹没在深水中,需要同时具备上下运动、圆周运动以及枪头旋转,结构比较复杂,为非定常状态,对刀盘的结构设计要求高。主要从以下两个方面对水下钻孔切割工装进行结构设计。

1. 自旋转喷头方式

工装主要由螺旋升降机、液压马达、旋转接头、自旋转装置及切割枪头等组成,示意图如图 5.36 所示。

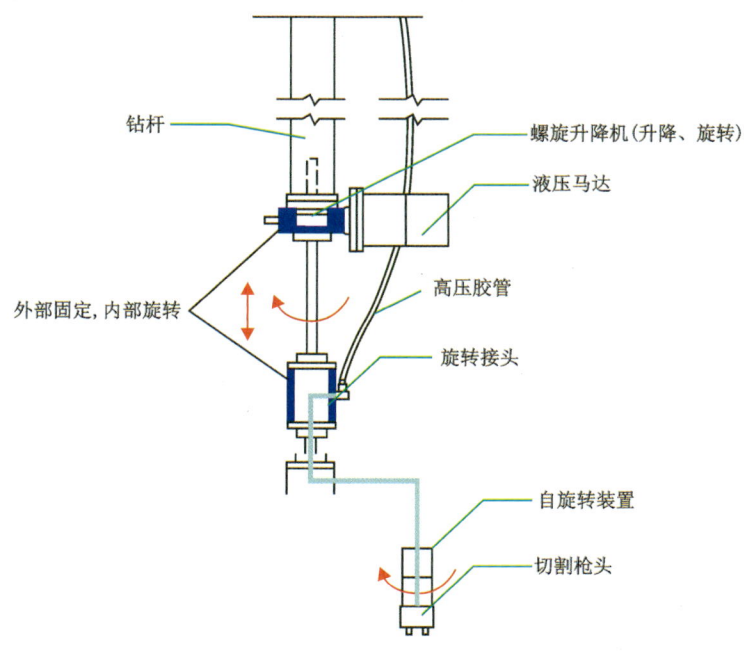

图 5.36 自旋转喷头方式示意图

其中螺旋升降机主要由输入轴、丝杠以及主体构成(图5.37),当对输入轴施加动力使其旋转后,通过主体内部齿轮的变向以及变速后带动丝杠旋转,同时丝杠可以向上或者向下移动,该工装主要应用丝杠升降机的丝杠,可以同时做上下运动以及旋转运动。

图5.37 螺旋升降机结构

2. 螺旋升降形式

螺旋升降机固定在钻杆上,在液压马达的驱动下,带动下部整体机构旋转及上下运动;旋转接头外部与螺旋升降机外部进行固定,旋转接头内部可以在丝杠的带动下进行旋转,高压磨料射流可以通过旋转接头侧面进入内部,从而实现磨料射流旋转,下端的刚性连接管一方面可以让射流通过,另一方面可以作为构件带动喷头进行旋转;自旋转装置与切割枪头连接在一起,按照一定的角速度进行自旋转,切割枪头上安装两个喷嘴,旋转切割后形成一定宽度的缝隙;在液压马达的作用下,切割枪头可以一边整体旋转,另一边向下运动实现给进,同时在自旋转的作用下,切割成一定宽度的圆缝。

5.1.6 水下切割工艺的设计

将工装送至合适位置后,启动高压磨料水射流发生装置,将高压磨料射流输送至枪嘴;通过液压控制台控制螺旋升降器以一定速度进行旋转和向下移动,与此同时切割枪头在自旋转装置的驱动下进行旋转,切割缝宽度大于隔水套管壁厚,当切割达到一定深度时即可停止作业,形成的环状孔隙可以保证隔水套管顺利下入即可(图5.38)。完成后提升钻杆将工装提升至平台,完成切割作业,如图5.39所示。

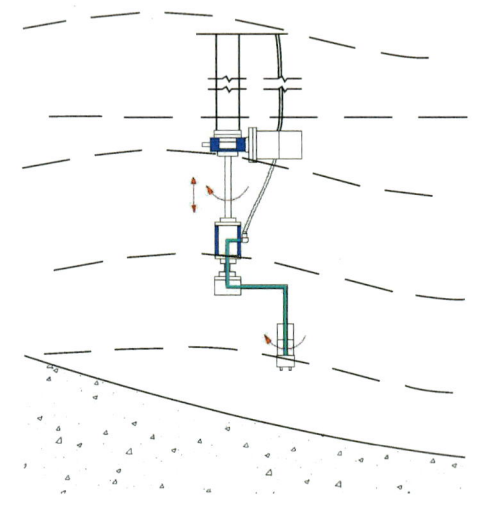

图5.38 水下钻孔切割工装

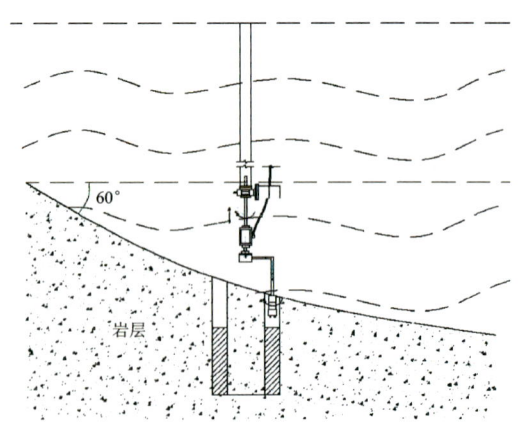

图5.39 水下切割效果示意图

前,必须保证聚能弹到达预定的孔位,同时聚能弹的角度合适;起爆时保证聚能弹整体支撑系统对正、平稳、无晃动,在轴向冲击加载时,不致因结构失稳而坍塌。二是水下环境能见度低,难以直接测量聚能弹角度,不能实时掌握水下情况,也不能对聚能弹的角度进行实时观测。因此,必须研究一种可靠的方法,能够精确控制调整聚能弹的角度,使聚能弹轴线和边坡法线尽量重合,以期取得较好的爆破开孔效果。采用多点定位法,提前标定好目标点,确定下放弹的具体位置。

在聚能弹靠近顶部的颈部位置安装了3个吊钩;每个吊钩均包括一个直臂段和另一端向下弯曲形成勾部以供吊具穿设的弯曲部;聚能弹3个吊钩的勾部均位于垂直于外壳中心轴线的同一平面上,彼此之间的夹角为120°;3个吊钩用于调整聚能弹的炸高和角度。在应用中,挂钩与外部钢丝绳连接来固定聚能爆破装置,通过调整钢丝绳的长度来调整聚能弹的炸高和角度,并在水中避免因水的流动而改变聚能射流方向。顶部电子雷管起爆后会引爆聚能弹主装药乳化炸药,乳化炸药爆炸产生的爆轰波波阵面传播至球缺型药型罩时,根据聚能效应,爆轰产物就会在药型罩轴线上汇集、碰撞,产生高温高压,将球缺型药型罩压垮、翻转变形,形成一个具有很高动能的高速弹丸即为爆炸成型弹丸(explosively formed projectile,EFP),此高速弹丸沿药型罩轴向方向向前毁伤侵彻岩石目标靶板。

5.3.3.2 深水区聚能爆破总体设计

设计制作的聚能弹结构外形示意图如图5.43所示。

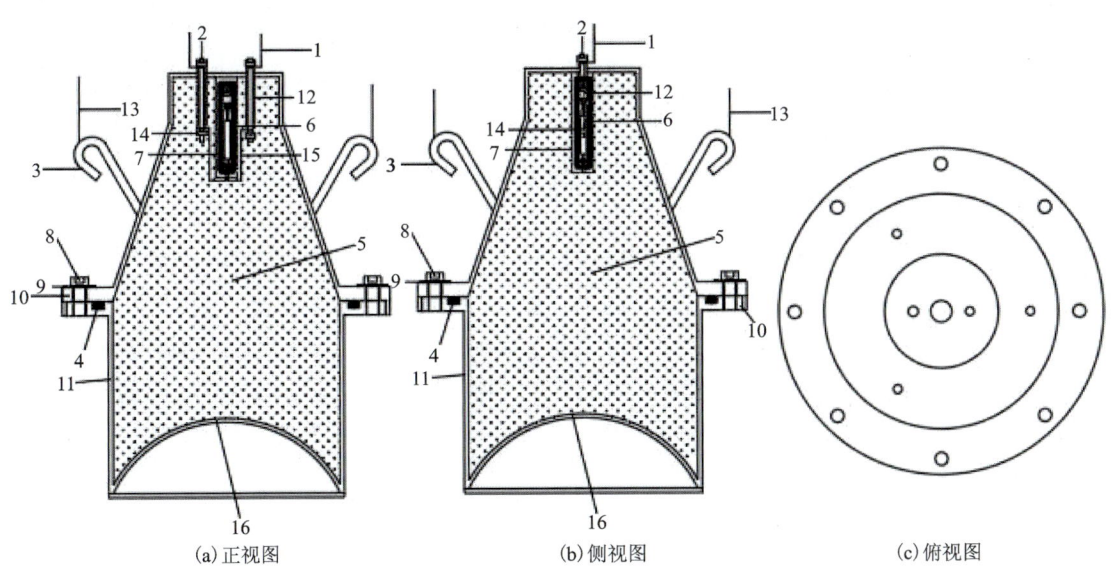

1.导线;2.接线柱;3.吊耳;4.橡胶密封圈;5.乳化炸药;6.电子雷管;7.雷管室;
8.连接螺钉;9.垫片;10.法兰盘;11.壳体;12.接线柱绝缘层;13.钢丝绳;
14.螺母;15.连接线;16.聚能罩。

图 5.43 聚能弹结构外形示意图

聚能弹的整体外形设计为柱体加截锥体,下部为球缺型药型罩,用于在岩石靶板上爆破开孔。试验设计制作的EFP方式水下聚能爆破开孔弹实物如图5.44所示,为水陆两用型聚能弹,具有抗压性和密闭性,可用于陆地和水下。

(a)整体聚能弹　　(b)聚能弹上、下两部分　　(c)起爆雷管

(d)密封圈　　(e)密封胶　　(f)球缺型药型罩

图 5.44　聚能爆破开孔弹实物结构图

试验设计制作的 EFP 方式水下聚能爆破开孔弹主要部分的结构功能如下。

药型罩:作为聚能爆破开孔的主要组成部分,炸药爆炸后,球缺型药型罩会在高能爆轰波的作用下形成 EFP,以较大动能毁伤破坏岩石目标靶板,实现爆破开孔的目的。

壳体:为主装药提供容器、支撑和保护作用,在炸药爆轰过程中增大爆轰冲量的持续时间,进而增加 EFP 能量,运用在水下爆破开孔时,可以有效为内部装药抵御外界水的侵蚀和水体压力,避免不完全爆破或者拒爆问题。

起爆装置:在装填炸药时,通过两根引线连接工业电子雷管,主要用于起爆聚能弹的主装药。

法兰盘和螺栓:主要用于紧密连接上、下两部分弹体外壳,在水下爆破时,承受水压,防止弹体内部漏水渗水。

密封圈:主要在水下爆破开孔中运用,在两部分弹体结合部加工制作两道环形凹槽,凹槽之中各放置一道 O 型密封圈,用法兰盘和螺栓将其紧密连接,密封圈被紧密挤压发生弹性形变,堵塞接口缝隙,起到防水密封和抗压的作用。

密封胶:用于辅助在连接螺栓、O 型密封圈和雷管引线等部位防水,防止聚能弹渗水漏水,保证起爆网络信号正常。

5.2.3.3 空气中和水下 EFP 方式聚能爆破开孔试验

为了达到预期的爆破开孔效果,先在空气中即陆地上开展试验,根据空气中试验技术和参数,再进行水下爆破开孔试验。为表述方便,分别将 3 次在空气中进行的试验记为试验 1、试验 2、试验 3,将一次在水下进行的试验记为试验 4。

1. 空气中 EFP 方式聚能爆破开孔试验

在空气中试验对聚能弹的密闭性和防水性没有要求,因此,为提高效率、节约成本,在开展试验 1、试验 2 的过程中因地制宜,设计制作了简易、低廉、仅能在空气中使用的 EFP 方式聚能爆破开孔弹,试验 3 则使用水陆两用型 EFP 方式聚能爆破开孔弹。

1) 试验 1 的爆破开孔研究

试验 1 目的:聚能弹在空气中对岩石的爆破开孔效果能够达到至少 15 cm 侵彻深度、30 cm 毁伤范围这一目标,得到聚能弹的设计形式和参数,为水下试验提供技术支持和参数依据。试验 1 爆破开孔岩石为云母花岗岩,工程地质性能良好。根据地质资料和测试结果,岩石密度为 $(2.58\sim2.72)\times10^3$ kg/m³,抗压强度为 $82\sim102$ MPa,弹性模量为 $28\sim33$ GPa。

试验需要达到 15 cm 以上侵彻深度、30 cm 毁伤范围,EFP 的侵彻深度一般不超过药型罩直径,聚能弹底部直径设计为 30 cm;装药长径比在 $0.4\sim2.0$ 时爆破开孔效果较好,为节省炸药、尽量减小爆破危害,试验中装药长径比初步设计在 $0.4\sim0.6$ 间,装药量为 $5\sim7$ kg,聚能弹高度设计在 $15\sim18$ cm 间。试验 1 所采用的聚能弹外形为一个圆柱体,底部是一个内凹的球缺型药型罩,聚能弹为探索阶段的雏形,上部不密封,没有抗水抗渗性能要求,仅在陆地使用。

试验 1 所用聚能弹的主要尺寸大小设计如下:截锥体上半部分弹体高度 $H_\text{上}=3.6$ cm、圆柱体下半部分弹体高度 $H_\text{下}=13$ cm、顶部直径 $\Phi_\text{顶}=22.6$ cm、底部直径 $\Phi_\text{底}=29.5$ cm、球缺罩顶部距离底面最大高度 $H_\text{球}=5$ cm、曲率半径 $R=24.3$ cm。试验 1 设计制作的 EFP 方式聚能爆破开孔弹实物如图 5.46 所示。

图 5.46 试验 1 设计制作的 EFP 方式聚能爆破开孔弹实物图

试验1选取一处岩壁平面作为爆破开孔目标靶区,并将此区域平整,喷涂红色油漆作为前后测量爆破效果的对比标识,防止出现测量误差。用电子秤称取乳化炸药后,由爆破专业技术人员采用捣装法将2#岩石乳化炸药填充装进聚能装置药罐,然后将电子雷管安装在聚能弹顶部正中心位置。图5.47为试验1现场。

(a) 装填炸药

(b) 调整角度

(c) 爆破准备

图5.47 试验1现场

准备就绪,按规定程序起爆,爆破前后对比效果如图5.48所示。

(a) 爆破前岩石靶板

(b) 爆破后岩石靶板

图5.48 试验1爆破前后对比效果图

经对比标识和实地测量,试验1的最大侵彻深度为7 cm、毁伤范围为121 cm×78 cm,试验1 EFP方式聚能爆破开孔效果如表5.5所示。

从图5.48和表5.5中的爆破开孔效果来看,由于岩石性质、纹理发育和弹体设计结构等原因,试验1的毁伤范围比预估的要大,但是侵彻深度比预估的要小,试验1并没有完全达到

5 深水陡坡开孔

表 5.5 试验 1 EFP 方式聚能爆破开孔效果

爆破开孔试验	毁伤范围/(cm×cm)	最大侵彻深度/cm
试验 1	121×78	7

预期的爆破开孔目标。分析试验 1 侵彻效果并不理想的原因,聚能弹装药高度为 13 cm、装药直径为 29.5 cm,装药长径比为 0.441,有效爆破能量较少,炸药利用率不高,导致不能形成毁伤能力较强的 EFP,EFP 对岩石靶板的侵彻效果不够理想。

2)试验 2 的爆破开坑研究

试验 2 目的:对试验 1 的不足之处进行改进,主要对聚能弹的装药结构进行优化设计,增加装药长径比,提高有效爆破能量,使其侵彻深度至少达到 15 cm,得到聚能弹的设计形式和参数,为水下试验提供技术支撑和参数依据。

试验 2 和试验 1 采用相同的试验器材,并在同一场地试验,同参数条件便于对比分析试验爆破开孔效果。试验 2 的试验方案和过程与试验 1 基本相同,具体如下。

试验 2 所设计制作的聚能弹为试验 1 的改进版,装药直径同为 29.5 cm,装药高度从 13 cm 增加至 26.5 cm,聚能弹的装药长径比从 0.441 增加至 0.898;顶部开口变小,减少了无效装药量,爆破装置同样不密封,没有抗水抗渗性能,只能在空气中爆破使用,试验 2 所采用的聚能弹外形和结构示意图如图 5.49 所示。

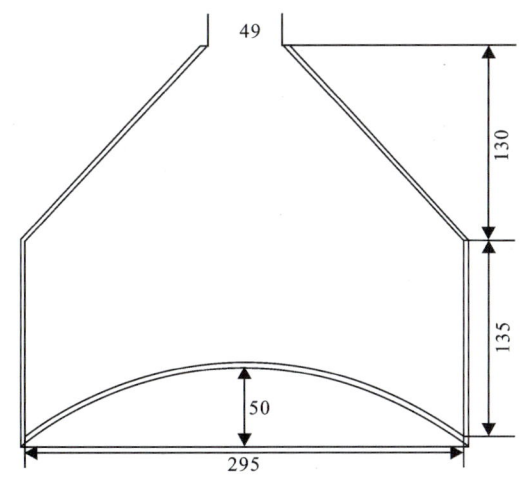

图 5.49 试验 2 聚能弹外形和结构示意图(单位:mm)

试验 2 所用聚能弹的主要尺寸大小设计如下:截锥体上半部分高度 $H_上=13$ cm、圆柱体下半部分高度 $H_下=13.5$ cm、顶部直径 $\Phi_顶=4.9$ cm、底部直径 $\Phi_底=29.5$ cm、球缺罩顶部距离底面最大高度 $H_球=5$ cm、曲率半径 $R=24.3$ cm。试验 2 设计制作的 EFP 方式聚能爆破开孔弹实物如图 5.50 所示。

按程序选好爆破场地、清理岩石靶板、喷涂红色油漆作为爆破前后的对比标识、用电子秤称取乳化炸药、装填、设置雷管和起爆线路等,图 5.51 为试验 2 现场。

将聚能弹吊装支架安装在目标靶区上方,然后将聚能弹固定在支架上,调整聚能弹的炸高和角度,调整聚能弹轴线与岩石靶板法线夹角在 10°以内,对准岩石目标靶区,如图 5.52 所示。

(a)侧视图　　　　　　　(b)底视图　　　　　　(c)装填炸药和雷管就绪

图 5.50　试验 2 设计制作的 EFP 方式聚能爆破开孔弹实物图

 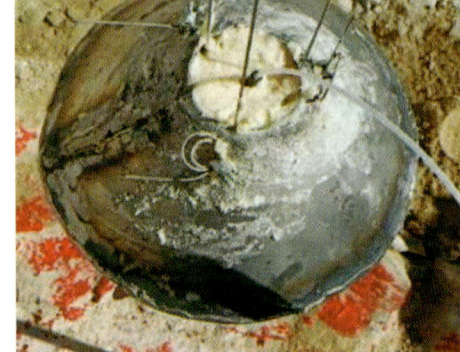

(a)喷漆标识　　　　　　　　　　(b)调整角度和炸高

图 5.51　试验 2 现场

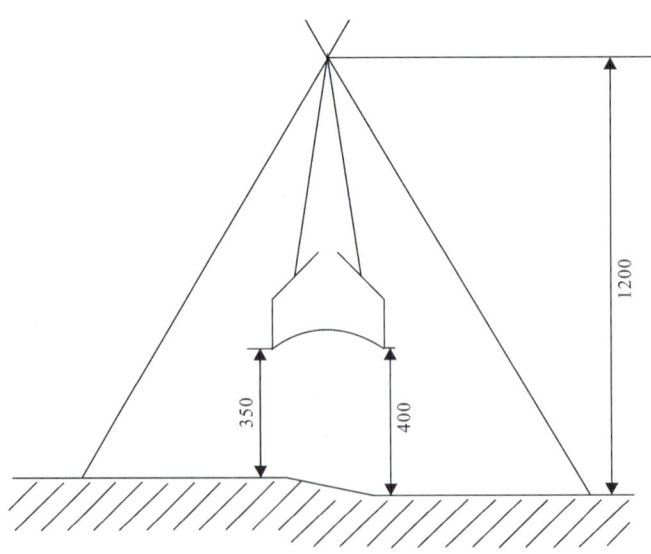

图 5.52　试验 2 聚能弹爆破开孔示意图(单位:mm)

试验2爆破参数见表5.6。

表5.6 试验2爆破参数

爆破开孔试验	装药质量/kg	炸高/cm	起爆方式和起爆点	药型罩类型	药型罩材料	曲率半径/cm	靶区角度/(°)	聚能弹角度/(°)
试验2	7.400	35～40	雷管单点中心起爆	球缺罩	钢(Q235)	24.3	8.2	2.3

爆破准备就绪,按规定程序起爆,爆破前后对比效果如图5.53所示。

(a)爆破前岩石靶板

(b)爆破后岩石靶板1

(c)爆破后岩石靶板2

图5.53 试验2爆破前后对比效果图

清理爆坑后,经对比标识和实地测量,试验2的最大侵彻深度为15 cm、毁伤范围为152 cm×89 cm,如表5.7所示。基本满足试验的目的要求,试验2增加了装药长径比,从而有效地增加了侵彻深度。从图5.53中爆破开孔的直观效果看,EFP总体上着靶姿态良好,少部分岩石纹理发育等原因造成毁伤孔坑不规则,靶区岩石毁伤破坏区域较大、侵彻深度适中。

表5.7 试验2爆破开孔效果

爆破开孔试验	毁伤范围/(cm×cm)	最大侵彻深度/cm
试验2	152×89	15

3)试验3的爆破开坑研究

试验3目的:在试验2的基础上继续优化改进,对装药结构进行优化设计,进一步增加装药长径比,提高有效爆破炸药量,加深侵彻深度,得到水陆两用型聚能弹的设计形式和参数,为水下试验提供技术支撑和参数依据。

试验3和试验1、试验2在同一场地进行,同参数条件便于对比分析EFP对岩石靶板的爆破开孔效果。试验3的试验方案和过程与试验1、试验2基本相同,具体如下。

试验3所设计制作的聚能弹为试验2的改进版,因试验1、试验2聚能弹的毁伤范围超出试验目的需要,为尽量节省炸药、减小爆破危害和达到毁伤破坏范围的目的,将装药直径设计减小至16.8 cm,装药高度为29.1 cm,聚能弹的装药长径比从0.898增加至1.732。与试验1、试验2不同,试验3所用的聚能弹为水陆两用型EFP方式聚能爆破开孔弹,弹体结构整体密封,具有抗水抗渗性能,可以在陆地和水下爆破中使用。试验3所用聚能弹的外形和结构示意图如图 5.54 所示。

试验 3 所用聚能弹的主要尺寸大小设计如下：截锥体加圆柱体上半部分高度 $H_上=15.5$ cm、圆柱体下半部分高度 $H_下=13.6$ cm、顶部直径 $\Phi_顶=8.0$ cm、底部直径 $\Phi_底=16.8$ cm、球缺罩顶部距离底面最大高度 $H_球=4.8$ cm、曲率半径 $R=9.8$ cm。试验 3 设计制作的 EFP 方式聚能爆破开孔弹实物如图 5.55 所示。

按程序选好爆破场地、清理岩石靶板、喷涂红色油漆作为爆破前后的对比标识、用电子秤称取乳化炸药、装填、设置雷管和起爆线路等，图 5.56 为试验 3 现场。

同试验 1、试验 2，将聚能弹吊装支架安装在目标靶区上方，然后将聚能弹固定在支架上，调整聚能弹的炸高和角度，按照聚能弹设计的炸高和角度对准目标靶区，如图 5.57 所示。

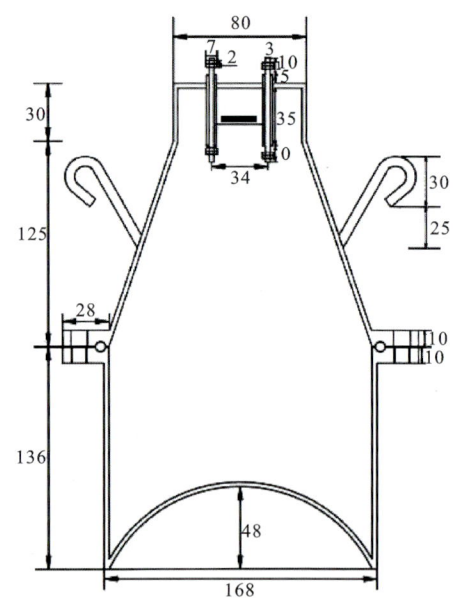

图 5.54 试验 3 聚能弹外形和结构示意图

(a) 侧视图

(b) 底视图

(c) 装填炸药雷管就绪

图 5.55 试验 3 设计制作的聚能爆破开孔弹实物图

(a) 喷漆标识

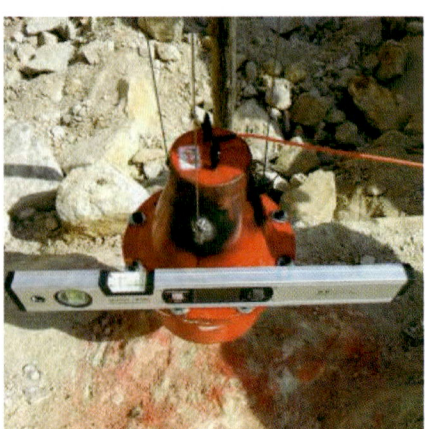
(b) 调整角度和炸高

图 5.56 试验 3 现场

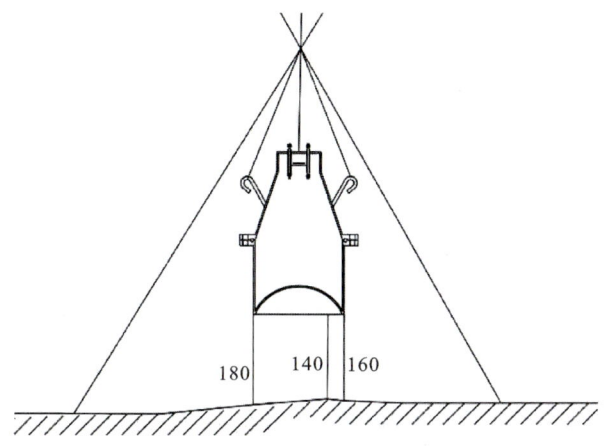

图 5.57　试验 3 聚能弹爆破开孔示意图（单位：mm）

爆破准备就绪，按规定程序起爆，试验 3 爆破前后对比效果如图 5.58 所示。

(a)爆破前岩石靶板　　　　　(b)爆破后岩石靶板1　　　　　(c)爆破后岩石靶板2

图 5.58　试验 3 爆破前后对比效果图

清理爆坑后，经对比标识和实地测量，试验 3 在岩石上炸出的孔坑最大深度为 32 cm、毁伤范围为 120 cm×60 cm。从图 5.58 爆破开孔的直观效果看，形成了上大下小的凹坑，爆破坑孔周围有数条不规则发育的裂缝，EFP 着靶姿态良好，靶区岩石出现震塌现象，毁伤破坏区域较大、侵彻深度适中。

试验 1、试验 2、试验 3 的主要目的是得到预期的爆破毁伤范围和侵彻深度，为在水下爆破开孔试验积累技术经验，提供参数依据。从在空气中进行的 3 次 EFP 方式聚能爆破开孔试验看，试验 2、试验 3 爆破开孔有一定的深度和宽度，达到了至少 15 cm 侵彻深度、30 cm 毁伤范围这一预期目标，满足为水下边坡钻杆钻孔提供"站脚"作业平台的要求，为水下爆破开孔试验提供了技术支持和数据参考。在后续的研究工作中，需要进一步优化改进 EFP 方式聚能爆破开孔弹，将空气中 EFP 方式聚能爆破开孔技术运用到水下。

2. 水下 EFP 方式聚能爆破开孔试验

陆地试验只是在空气中进行，并未考虑水介质的影响，水介质环境的影响会使水下爆破难度增大。在空气中试验成功的基础上优化了水下 EFP 方式聚能爆破开孔弹的部分结构设计，设计了能够调整聚能弹角度和炸高的三点定位法，改进了更适宜于在水下应用的爆破技术和方法手段，拟制了水下爆破开孔的技术程序，开展了试验 4，0.45 m 水深(从水面到水底)环境下 EFP 方式聚能爆破开孔试验。试验 4 基本流程如图 5.59 所示。

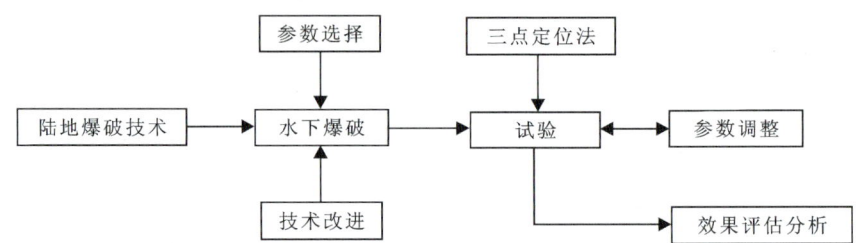

图 5.59　水下 EFP 方式聚能爆破开孔试验基本流程图

水下爆破的作业现场较为复杂，需要保障的物资和作业条件较多，除了必要的空气中爆破条件外，还要有针对水下爆破的特殊条件，试验 4 水下爆破开孔试验的程序步骤是测量定位、准备试验场地、计算炸药量、控制爆破精度、做好防水措施、做好安全防护、实施爆破、清理爆坑和测量爆破开孔效果。

(1)测量定位。由于水下爆破开孔是在水域中进行的，无法像在空气中一样直接观测，定位精度要求高，采用 S82 款 RTK 主机定位系统，并用经纬仪等设备进行数据校核，建立坐标系，对应规划出控制点、控制线，确保精准对准水下预定爆破开孔位置。

(2)准备试验场地。不同于普通情况下的水下爆破，试验 4 水下爆破开孔试验要对比爆破前后效果，分析空气中和水下爆破开孔的效果差异，必须清楚爆破地点的地貌，岩石靶板必须保证相对干净整洁，无淤土、泥沙、苔藓、腐殖物等覆盖物，必要时对靶板进行标识，拍摄照片和录像，确保爆破效果真实、可靠、可信。试验 4 采取将爆破地域的水抽干、清理岩石靶板、再抽水回灌的方式保证试验场地符合要求。

(3)计算炸药量。水下爆破和空气中爆破的条件和过程迥异，水下爆破作业环境复杂，炸药受水柱压力和水阻力的双重作用；炸药产生的 SO_2、NH_3 等爆破气体溶解于水中，膨胀压力降低，弱化爆破效果；水的波阻抗比空气要大得多，水下爆破时对岩石的反射拉伸波作用效果将降低，一般情况要想取得和空气中同样的爆破效果，必须加大水下爆破的炸药量。为比较在同条件下空气中和水下爆破开孔效果，试验 4 的装药量和试验 3 一样，均为 4.5 kg 左右。

(4)控制爆破精度。试验设计的水下爆破开孔试验为聚能爆破开孔方式，对爆破角度要求较高，试验用三点定位法调节聚能弹的角度和炸高。有时水上爆破作业受风浪、水流等因素影响较大，还要考虑搭建能够承载多人的水上作业平台(图 5.60)，并将作业平台与河岸固定。在操作平台上设计制作 3 个操作滑轮，用 3 根钢丝绳穿过滑轮，连接到聚能弹的 3 个吊钩上，节省人力、提高效率的同时也利于控制爆破精度。

(5)做好防水措施。试验采用具有一定防水功能的乳化炸药，装入聚能弹内部，整体密封聚能弹，对称拧紧法兰螺栓，确保聚能弹的密闭性和抗压性符合水下使用的要求；起爆线采用具有防水性、有足够韧性的绝缘铜芯导线，防止拉扯中线路断裂，并用外用防水胶布对起爆网络接头等进行防水包覆，防止水体侵蚀爆破网络造成起爆失败。

(6)做好安全防护。水下爆破危害主要体现在水击波、爆破振动和爆破飞石等，试验场地要尽量远离建筑和人群，设置遮蔽物用以阻隔爆破飞石，并在爆破点 500 m 范围内设置安全

(a)作业平台　　　　　　　　(b)作业井口　　　　　　　(c)操作滑轮

图 5.60　水上作业平台

警戒;同时确保水击波和爆破振动峰值不超过鱼类和建筑的最大承受范围,如爆破点离需要保护的水工建筑较近,可考虑采用减波装置,如图5.61所示的简易水下爆破减波装置,或者采用气泡帷幕、微差爆破等方法进行水击波和爆破振动防护。

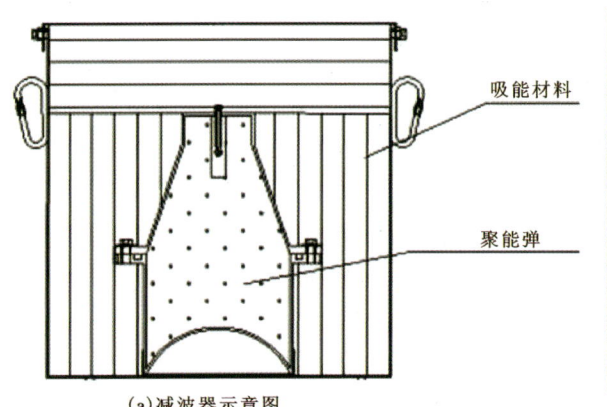 

(a)减波器示意图　　　　　　　　　　　(b)四周设置减波材料

图 5.61　水下爆破减波器示意图和实物图

(7)实施爆破。在精确确定爆破位置后,连接好起爆网络,采用钢丝绳悬吊聚能弹,在水上作业平台上将聚能弹缓慢沉入水中,在达到预定的位置后,调整聚能弹的角度和炸高,使聚能弹的聚能穴对准预定爆破开孔位置,尽量使聚能弹轴线和边坡法线夹角控制在10°以内,使聚能弹相对垂直岩石目标靶板,此时能够取得较好的爆破开孔效果。起爆前检测起爆网络信号是否通畅,最后起爆聚能爆破开孔弹,在水中边坡的预定开孔位置形成一个孔坑,为钻杆提供"站脚"平台,如图5.62所示。

(8)清理爆坑和测量爆破开孔效果。抽水排干爆破区域的水,由于爆破前后地貌改变,根据定位设备找到爆破开孔位置,清理爆破产生的孔坑,清除爆破碎石、淤泥等杂物,测量爆破孔坑的毁伤破坏范围和侵彻深度,根据拍摄的照片和录像等,对比分析爆破前后的开孔效果。

为了能够充分发挥聚能效应的方向特性,根据试验条件,从试验的可操作性、合理性和经济性出发,本书研究设计了三点定位法,用以调整聚能弹的角度和炸高,可以较好地实现这一目标。为方便调整角度,在聚能弹上焊接了3个绳索扣,3个绳索扣所在平面与药型罩底部平面平行,彼此之间的夹角为120°(图5.63),以便于开展角度调节工作。

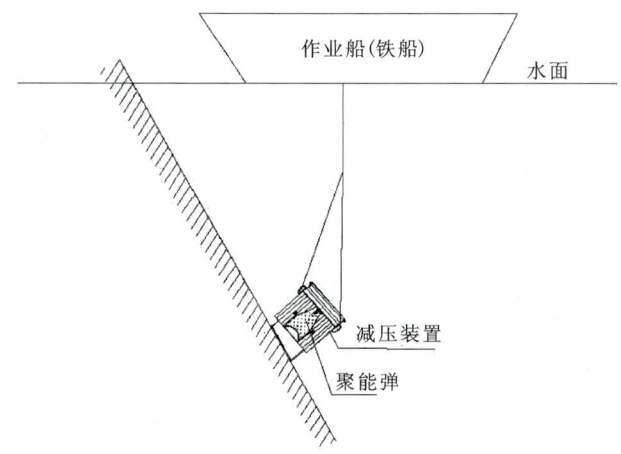

图 5.62　水下聚能爆破开孔示意图

(a) 未焊接绳索扣前

(b) 焊接绳索扣后

图 5.63　焊接绳索扣

在3个绳索扣上系上绳索,采用绞车或者人工将聚能弹慢慢下沉至水中,可以配合使用水上作业平台和3个操作滑轮,达到预定爆破位置后保证聚能弹处于悬空铅直状态,再采用三点定位法调整聚能弹的角度,使聚能弹轴线尽量垂直于爆破边坡,此时聚能穴会基本对准预定的爆破开孔位置。三点定位法原理如图5.64所示。

通过三点定位法精确调整控制聚能弹,可以保证聚能弹有较佳的炸高和爆破角度,

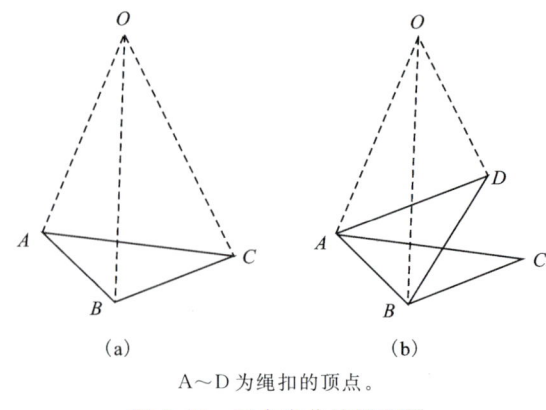

A~D 为绳扣的顶点。

图 5.64　三点定位法原理图

尽量实现垂直爆破,图 5.65 为三点定位法应用于水下爆破开孔试验。经过理论分析和实践操作验证,证明三点定位法能够在水下顺利调整聚能弹的角度,达到预期的水下爆破开孔效果。将聚能弹放入预制桶中,桶的底部或者聚能弹底部预先安装有支架,支架的高度可以设置为炸高高度,实物图和示意图如图 5.66 所示。在水下下放聚能弹,当支架底边触碰边坡后,保持支架底座一边不动,即保持两根绳索不动,调整第三根绳索,使聚能弹轴线尽量垂直目标靶板,保证爆破精度。

(a)水下爆破现场

(b)三点定位法

图 5.65　三点定位法应用于水下爆破开孔试验

(a)实物图1

(b)实物图2

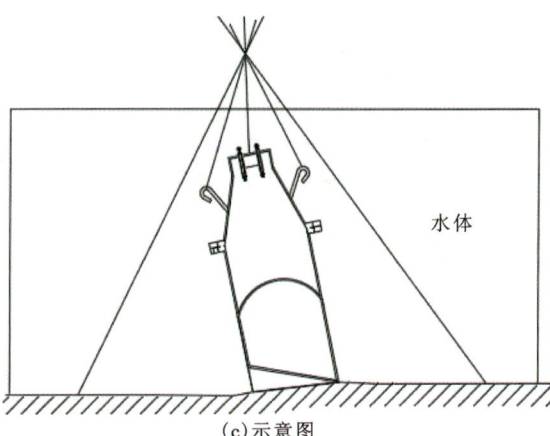
(c)示意图

图 5.66　改进的三点定位法

试验目标:水下开孔考虑 $\Phi 244$ mm 套管能够站脚,爆破后爆坑尺寸至少为 15 cm 侵彻深度、30 cm 毁伤范围。研究设计聚能弹的结构形式、参数和水下爆破方法,为数值模拟和深水条件下实施提供技术支撑和参数依据。同时作业现场距离大坝较近,爆破后产生的振动不能对水工建筑物产生危害。

除部分防水材料外,水下试验 4 所需的器材设备及材料与空气中试验 1、试验 2、试验 3 基本一致。为确保水下和空气中的爆破开孔效果具有对比性和参照性,两者爆破地点岩石靶板的密度、抗压强度、模量等指标应相似。试验 4 在某采石场积水场地中进行,岩石主要为灰岩、砂岩,密度为 $(2.56\sim2.68)\times10^3$ kg/m³,抗压强度为 78~97 MPa,弹性模量为 26~31.5 GPa。

试验4应直接将聚能弹放入水下进行爆破开孔作业,而后对比爆破前后岩石靶板的毁伤效果。但是,一般情况下水下环境岩石靶板被泥沙、水生植物覆盖,难以精确测量比照爆破前后的开孔效果。为确保测量爆破效果的精准性,目标靶板爆破前后必须对比标识明显,便于对比爆破开孔效果。试验4选择在某处积水矿坑内进行,采取抽水排干、清理岩石靶板污泥、抽水回灌蓄水、调整放置聚能弹、爆破开孔、抽干积水、清理爆坑、测量爆破开孔效果的步骤进行作业。

首先选取一处在积水区内的边坡作为目标靶区,为确保精确地测量出水下聚能弹爆破前后的毁伤范围,对目标靶板岩石区域进行了彻底的排水清污。试验现场用挖掘机沿目标靶区外围筑一道截水墙,使用抽水机将积水抽出,使岩石目标靶区裸露出水面,目的是找出一块相对平整完好的整块岩石作为目标靶板,将目标岩石靶板上的碎石清理干净,去除泥沙、浮土、苔藓等覆盖物,使其露出基岩岩石表面,拍照做好爆破前后的对比标记,试验测量岩石靶区角度为21.3°,如图5.67所示。然后,用抽水机将水抽进截水墙内,注意此时不要让岩石目标靶区被回流水所带的泥沙覆盖,确保测量爆破开孔效果无误差。

(a)试验场地 (b)修筑截水墙

(c)清理岩石靶板表面 (d)测量靶板坡度

图5.67 试验4准备工作

试验4所用聚能弹的主要尺寸大小设计如下:截锥体加圆柱体上半部分高度 $H_上$ = 16.4 cm、圆柱体下半部分高度 $H_下$ = 13.6 cm、顶部直径 $\Phi_顶$ = 10.2 cm、底部直径 $\Phi_底$ = 16.8 cm、球缺罩顶部距离底面最大高度 $H_球$ = 5 cm、曲率半径 R = 9.56 cm。试验4聚能弹实物如图5.68所示。

5 深水陡坡开孔

(a)侧视图　　　　　　　　　(b)分解图　　　　　　　　　(c)制作完成

图 5.68　试验 4 聚能弹实物图

在设计制作 EFP 方式水下聚能爆破开孔弹时,必须严格注意弹体和起爆网络的防水性能问题。弹体上下两部分结合部用法兰盘和螺栓连接拧紧,并用 O 型密封圈进行防水保护;水下爆破的网络连接必须严格按照操作规程进行,由操作技术熟练的专业爆破人员进行操作,要特别防止出现各种损伤起爆网络等问题;接头和网络导线连接部位用防水胶带进行包覆防水处理,雷管导线与弹体和水介质绝缘,确保聚能弹不渗水、不漏水,起爆线路能够正常起爆,避免发生起爆不完全或者拒爆等问题,如图 5.69 所示。

(a)法兰盘和螺栓　　　　　　　(b)密封圈　　　　　　　　(c)防水胶带

图 5.69　试验 4 聚能弹防水处理

为确保能够顺利形成同心圆爆炸冲击波,实现在聚能弹轴线方向上定向爆破开孔,试验 4 对聚能弹顶端放置工业电子雷管的位置做了相应的技术改进,即在聚能弹内部顶端增加了安装固定电子雷管卡槽管(图 5.70),固定卡住雷管位置,实现药柱后端单点中心起爆,确保水下爆破开孔试验顺利进行。

与空气中试验相同,按程序选好爆破场地、清理岩石靶板、做好爆破前后的对比标识;用电子秤称取乳化炸药,采用捣装法现场装填聚能弹乳化炸药;将电子雷管安装在聚能弹顶部正中心雷管卡槽位置,以保证装药会沿轴线对称起爆;连接起爆线路,做好防水措施,确保线路通畅;在水域的目标靶区,将调整支架安装在岩石目标靶区上方,然后将聚能弹吊装在支架上,准备调整聚能弹的角度,图 5.71 为试验 4 现场。

· 153 ·

(a)未安装雷管

(b)安装雷管

图 5.70 固定电子雷管卡槽管

(a)装填炸药和雷管

(b)测量角度

(c)三点定位法

图 5.71 试验 4 现场

准备工作就绪,将吊装在支架上的聚能弹缓慢放入水中,并完全被水淹没,运用三点定位法调整其炸高和角度,如图 5.72 所示。试验 4 的炸高与试验 3 基本相同,最终调整聚能弹的炸高为 11～14 cm;用水平尺测量角度,测量得到聚能弹轴线与岩石靶板法线夹角为 11.5°、岩石靶板角度为 21.3°,两者角度差在 10°以内,可以保证聚能效应在轴线上的毁伤方向特性。

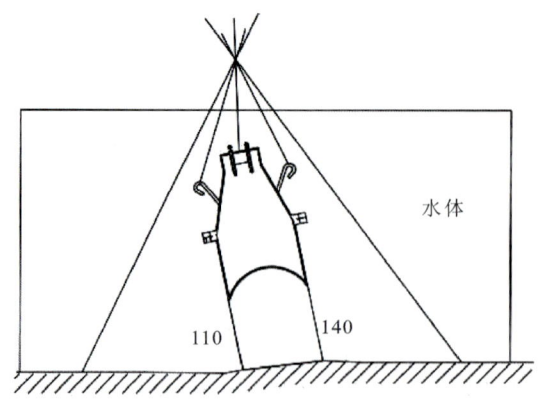

图 5.72 试验 4 聚能弹爆破开孔示意图(单位:mm)

聚能弹调整安装好后,此时的聚能弹不能被水流扰动、不能被重力碰撞,防止爆破角度、炸高变化,更要防止弹体内部进水或者水体侵蚀爆破网络引起起爆信号不通,造成起爆不成功或者起爆不完全等事故。试验4的聚能弹和雷管引线等完全没入水中，顶部距离水面0.05 m，处于水下爆破环境中，水深约为0.45 m。

爆破结束后，用抽水机抽干岩石靶区的积水，清除干净岩石目标靶板上的泥沙、浮土和碎石等，可以看到，EFP方式水下聚能爆破开孔形成如图5.73所示爆破孔坑。与空气中爆破一样，评价水下聚能爆破开孔试验效果，主要是查看爆破后形成的形状、爆坑深度和毁伤破坏直径，从图5.73中可以看出，爆炸后爆破孔坑周围岩石靶板爆破碎裂成小颗粒石块分布，爆破孔坑为上大下小的漏斗凹槽形状。

(a) 侵彻深度测量

(b) 毁伤范围测量1

(c) 毁伤范围测量2

图5.73 试验4水下爆破开孔效果图

爆破孔坑形状为上大下小带圆弧凹坑，岩石表面距离孔坑最深处为最大侵彻深度，孔坑圆弧与岩石表面的两个交点连线为毁伤侵彻直径。实地测量水下爆破开孔效果，在水深为0.45 m的情况下，爆破孔坑毁伤范围为58 cm×51 cm、最大侵彻深度为18 cm，从试验效果和数据来看，满足了至少15 cm侵彻深度、30 cm毁伤直径这一爆破开孔目标要求。

5.2.4 深水聚能爆破数值模拟仿真计算研究

水下爆破环境复杂，采用三维非线性动力学数值模拟方法进行水下EFP方式聚能爆破开孔研究，探讨聚能弹在深水条件下应用的可行性，分析水下爆破产生水击波和爆破振动的毁伤影响范围，为做好防护措施提供安全判据。

5.2.4.1 浅水聚能爆破数值模拟分析

EFP方式水下聚能爆破开孔弹数值模拟模型与试验4同参数设计，装药为2♯岩石乳化炸药，炸药量按照4.5 kg计算，药型罩和壳体的材料均为钢（Q235）。1/4对称模拟模型如图5.74所示，为半径5.0 m的1/4对称圆柱体，聚能弹整体置于水体中，内部为2♯岩石乳化炸药，聚能弹下方为岩石靶板，岩体厚度为100 cm。聚能弹主要结构由一个截锥体加圆柱体和一个底部为球缺罩的圆柱体连接而成，高度为29 cm，底部装药直径为16.8 cm，弹体距水域表面5 cm，弹体底面距岩石10 cm，即水深约为0.45 m。模型采用流固耦合算法，定义水体、炸药和金属外壳为流体部分，采用ALE（arbitrary lagrange euler）算法进行计算，岩体为固体部分,采用 Lagrange 算法进行计算。

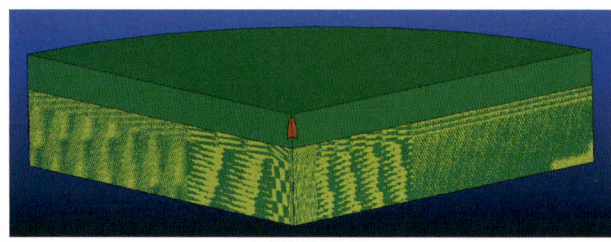
(a)整体模型

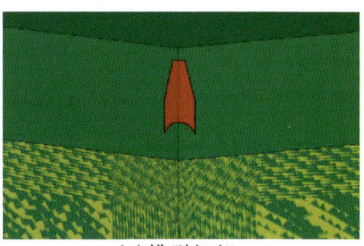
(b)模型细部

图 5.74　1/4 对称模拟模型

水下 EFP 方式爆破开孔数值模拟研究采用轴对称 1/4 进行建模,模型包括水下聚能爆破弹的外壳、药型罩、装药以及水体、岩石等,如图 5.75 所示。

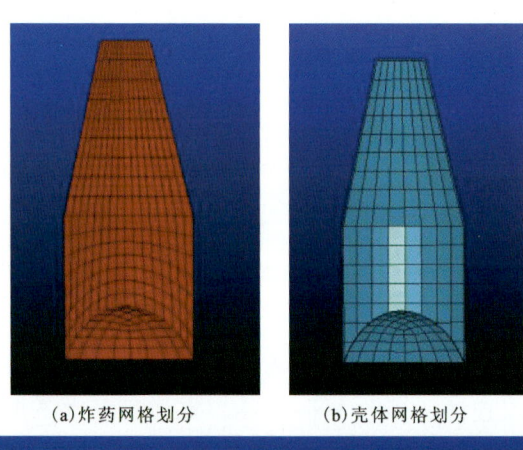
(a)炸药网格划分　　　(b)壳体网格划分

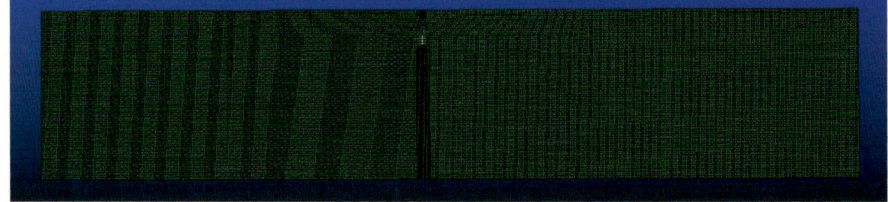
(c)水体网格划分

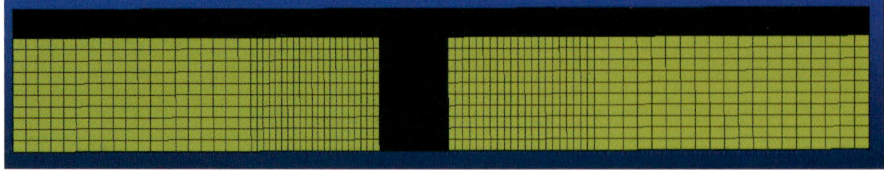
(d)岩体网格划分

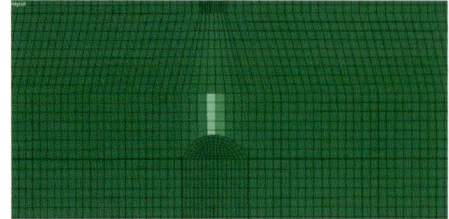
(e)水体网格划分细部

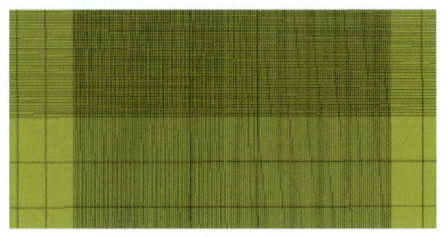
(f)岩体网格划分细部

图 5.75　模型网格划分

对照试验4,进行同条件下0.45 m水深EFP方式聚能爆破开孔数值模拟,如图5.76所示,显示了0.45 m水深EFP方式爆破开孔的数值模拟过程。数值模拟计算结果表明:0 μs时,炸药起爆,爆轰波开始传播,而后爆炸侵彻体EFP逐渐形成,侵彻水体和岩体;100 μs时,EFP作用在岩体上,爆破开孔开始,孔坑深度和宽度逐渐增大;400 μs时,爆破开孔基本完成,孔坑形状比较匀称、结构比较对称,后续宽度、深度基本不再发生大的变化;600 μs时,数值模拟结束。

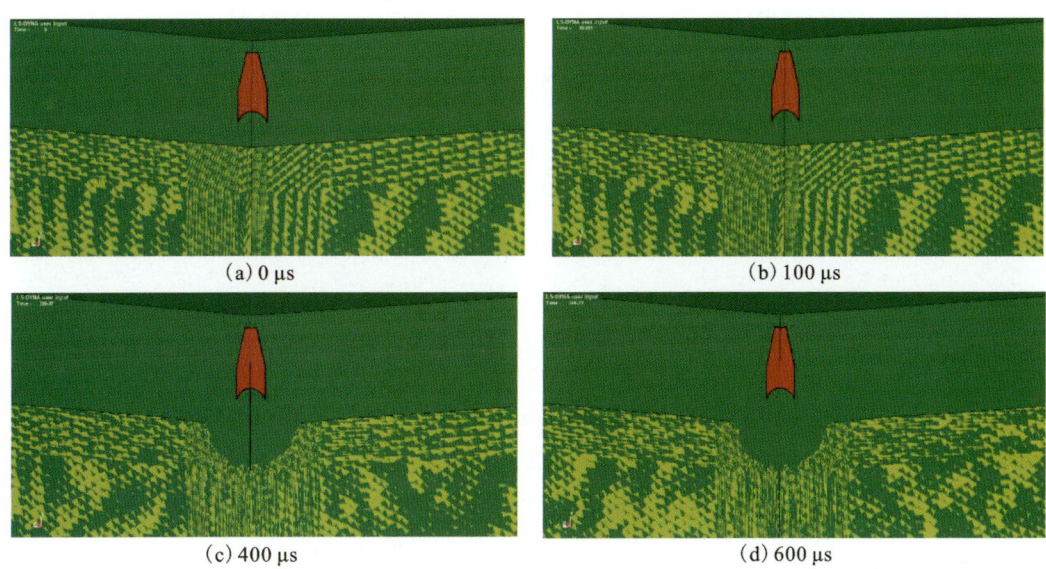

图 5.76 水下 EFP 方式爆破开孔数值模拟过程

图 5.77 为水下 EFP 方式聚能爆破开孔压力云图,从中可以看到压力变化过程。

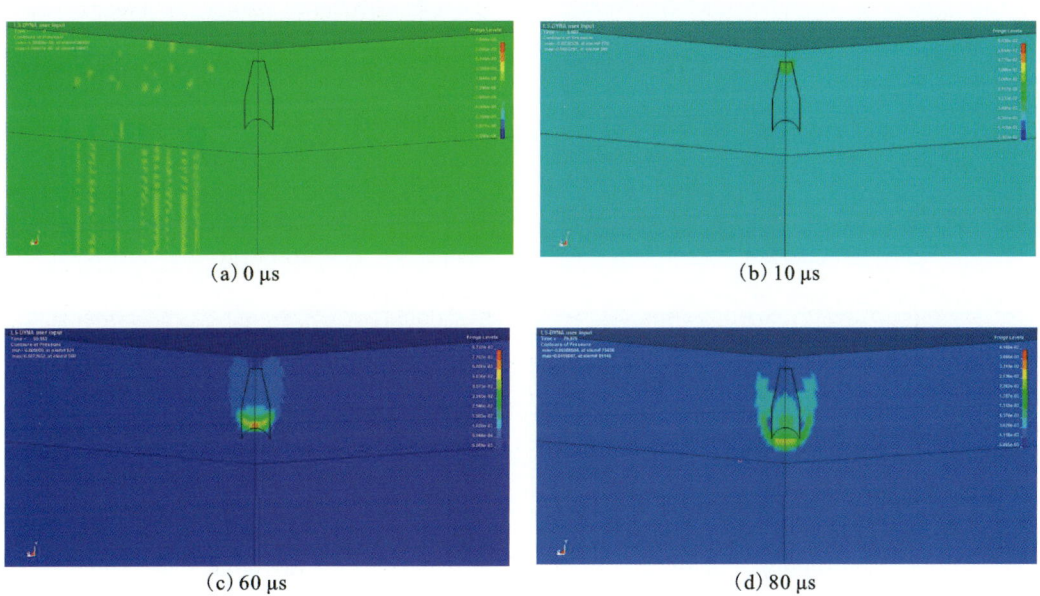

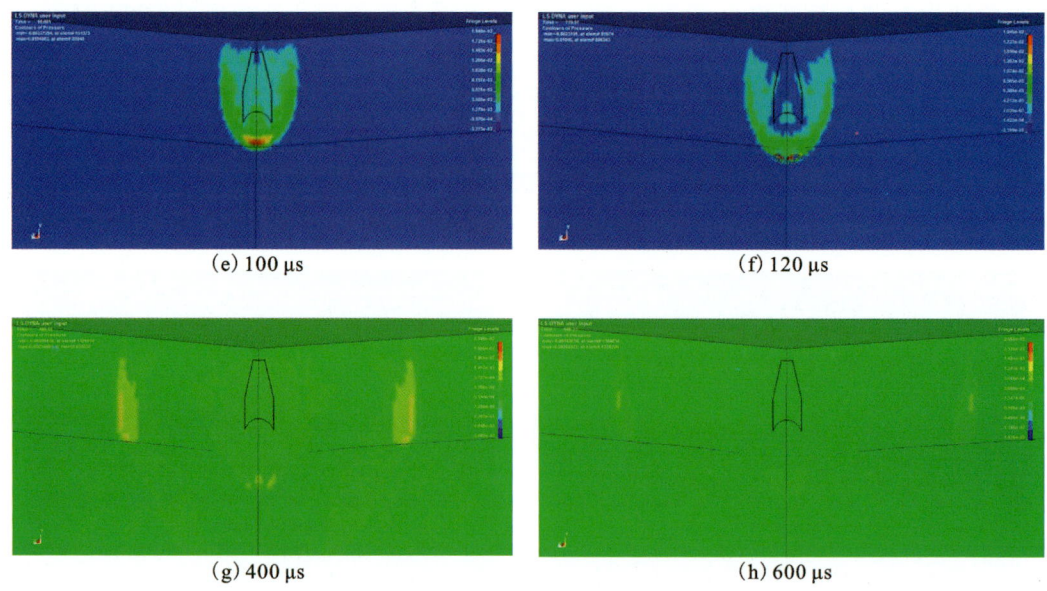

(e) 100 μs (f) 120 μs

(g) 400 μs (h) 600 μs

图 5.77 水下 EFP 方式聚能爆破开孔压力云图

图 5.78 为水下 EFP 方式聚能爆破开孔 von Mises 应力云图,从中可以看到应力的变化过程。从图 5.76~图 5.78 中可以看到水下 EFP 方式聚能爆破开孔的开孔过程、压力变化过程和 von Mises 应力变化过程,三者过程和结果等一致,演示了水下 EFP 方式聚能爆破开孔实时景象,有助于更加深入地了解试验 4 中 EFP 方式聚能爆破开孔过程和原理。三维效果如图 5.79 所示,对比试验 4 爆破开孔效果,数值模拟水下爆破开孔形成上大下小的漏斗状孔坑凹槽,形状大小与试验 4 类似。

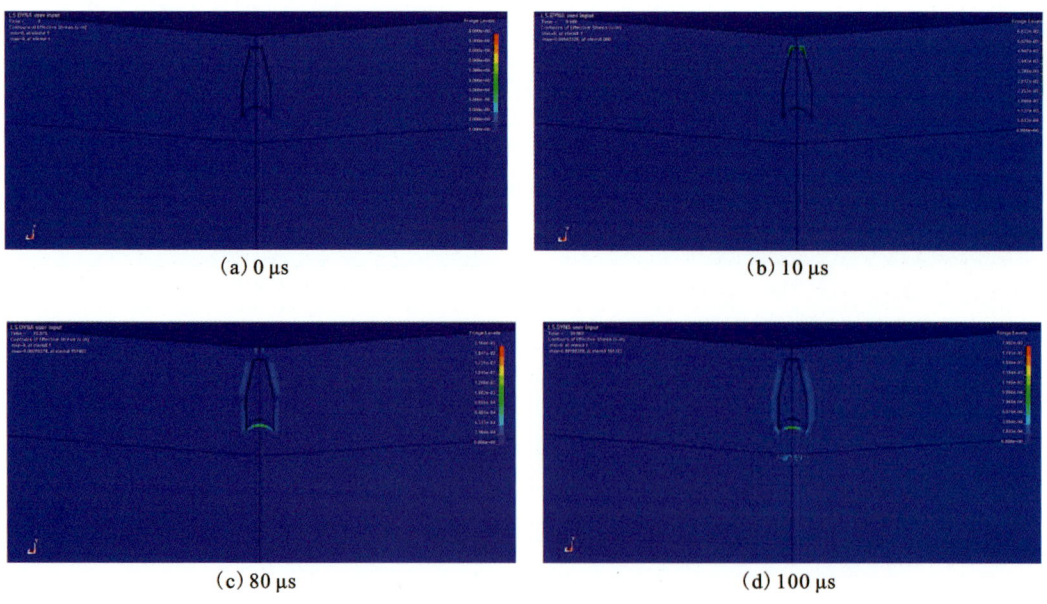

(a) 0 μs (b) 10 μs

(c) 80 μs (d) 100 μs

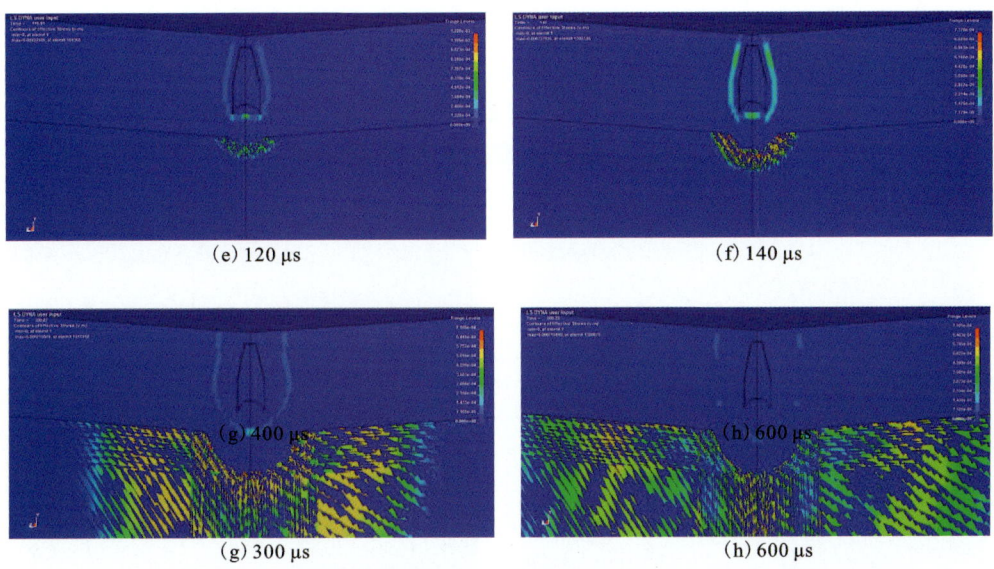

(e) 120 μs (f) 140 μs

(g) 400 μs (h) 600 μs

(g) 300 μs (h) 600 μs

图 5.78 水下 EFP 方式聚能爆破开孔 von Mises 应力云图

(a) 整体爆破开孔效果

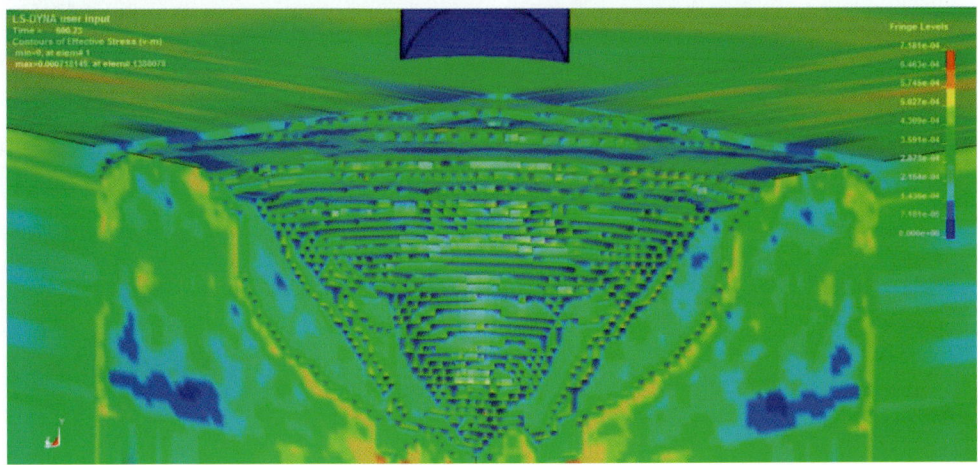

(b) 爆破开孔效果细部

图 5.79 0.45 m 水深数值模拟水下 EFP 方式聚能爆破开孔效果

爆破孔坑形状为上大下小带圆弧凹坑,岩石表面距离孔坑最深处为最大侵彻深度,孔坑圆弧与岩石表面的两个交点连线为毁伤侵彻直径。与试验 4 一样,测量 1/4 模型中数值模拟计算的爆破开孔结果,最大半径约为 31.8 cm,最大深度约为 19.1 cm(图 5.80),满足了至少 15 cm 侵彻深度、30 cm 毁伤直径这一预期的爆破开孔目标要求,能够为套管提供预定的"站脚"作业平台。数值模拟计算结果能够较好地与试验结果吻合。

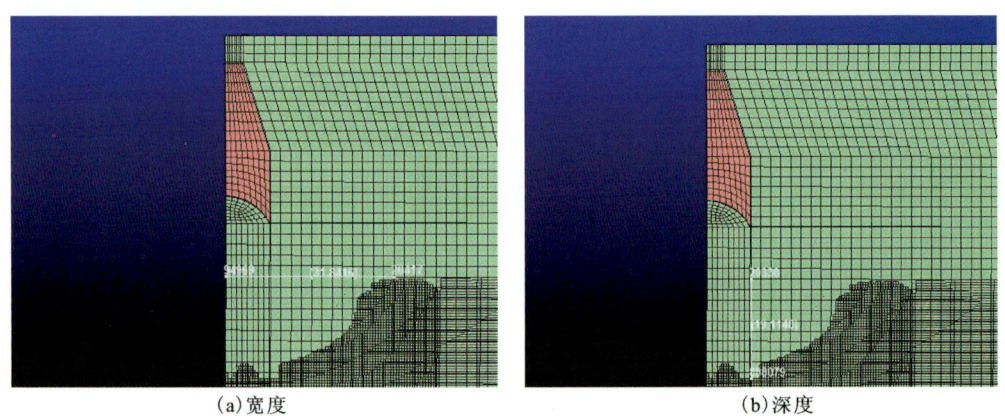

(a)宽度　　　　　　　　　　　　(b)深度

图 5.80　0.45 m 水深数值模拟水下 EFP 方式聚能爆破开孔效果测量

5.2.4.2　深水聚能爆破数值模拟分析

深水爆破一直是爆破领域的难点,场地选择限制多,水下条件非常复杂,各种参数测量困难,起爆的可靠性往往得不到保证,难以开展现场试验。为研究在 100 m 水深条件的工程应用背景下,聚能弹能否实现预期的爆破开孔目标,分析深水环境下聚能弹实际应用的可行性,这里选择用数值模拟的方法进行深水条件爆破开孔,并为现场试验和 100 m 水深条件下的实际工程应用提供相关依据及参考。在模型水面设置压强来模拟水深压力影响,加压持续时间为 500 μs,如图 5.81 所示。

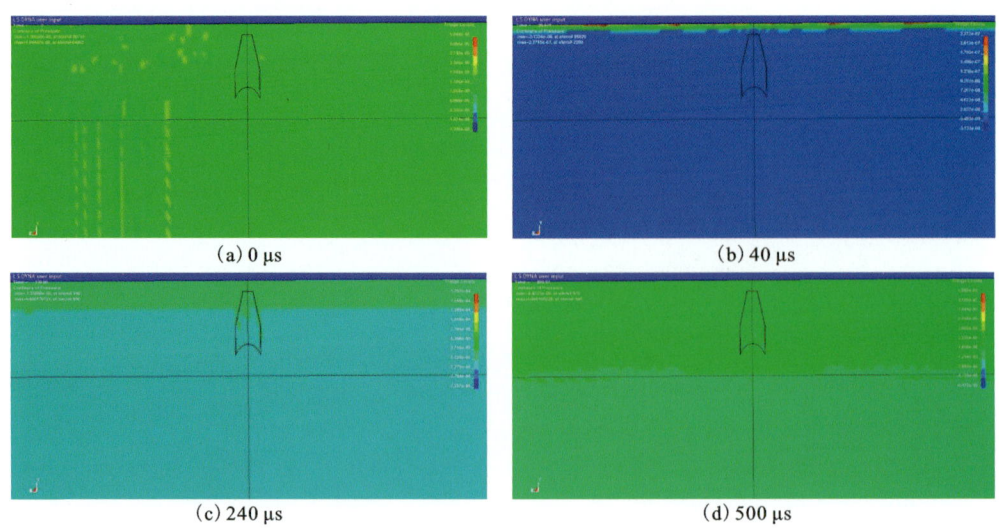

(a) 0 μs　　　　　　　　　　　　(b) 40 μs

(c) 240 μs　　　　　　　　　　　(d) 500 μs

图 5.81　等效压力加压过程图

为确保整个模型压力稳定,起爆时刻设定在 1500 μs,数值模拟总时间 2100 μs。数值模拟计算在 1.0 MPa(对应 100 m 深水工程应用)水压下爆破开孔,其爆破开孔的过程、压力、von Mises 应力云图和 0.45 m 水深条件下数值模拟的过程结果基本一致,100 m 水深数值模拟的水下 EFP 方式聚能弹爆破开孔平面效果如图 5.82 所示。

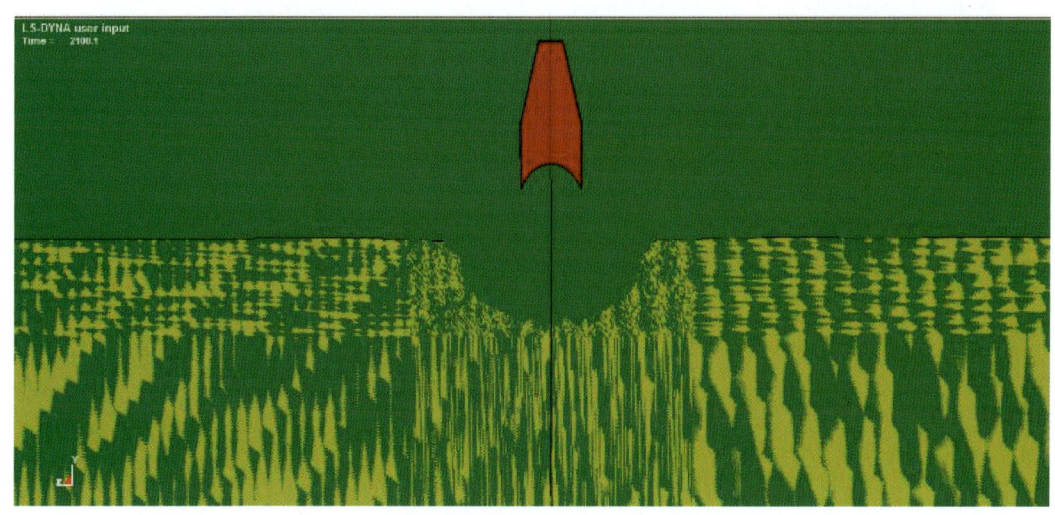

图 5.82　100 m 水深数值模拟的水下 EFP 方式聚能爆破开孔平面效果

从图 5.82 中可以看到,100 m 水深数值模拟的水下 EFP 方式聚能弹爆破开孔后形成孔坑,形状与 0.45 m 水深数值模拟结果相仿。测量该 1/4 模型中炸坑半径约为 28 cm,深度约为 16 cm,对比 0.45 m 水深条件下数值模拟结果,0.45 m 水深条件下比 100 m 水深条件下数值模拟的爆破开孔范围和深度大 10% 以上,达到预期目标。试验 4 和数值模拟表明,聚能弹在具备足够的抗压密闭条件下能够应用在相应水深环境下;在浅水环境中爆破开孔结果与数值模拟结果拟合可以应用在深水环境爆破开孔,为深水条件下的聚能爆破开孔提供了相关依据和参考。

5.2.4.3　水击波传播衰减规律和毁伤影响范围分析

水下爆破产生的水击波危害大小与水击波峰值压力有关,水击波在水中传播时,受水体影响,随着时间的推移峰值压力会快速衰减。为研究水击波传播和衰减规律,以聚能弹中部最近边缘和测点的距离为爆心距,在水体中沿水平线间隔选取 5 个监测点,监测点布设如图 5.83 所示,监测点 1～监测点 5 的爆心距分别为 0.2 m、0.4 m、0.6 m、0.8 m、0.9 m,单元编号分别为 H77488、H77576、H77656、H77736、H77784。

根据数值模拟计算结果,不同时刻 5 个监测点水击波压力曲线如图 5.84 所示,从图中可以看到,水击波出现时波形陡升,峰值压强很高,可能会对水工建筑造成危害,必须对其峰值压力进行监测。

数值模拟计算 100 m 水深 5 个监测点的水击波压力峰值见表 5.8。

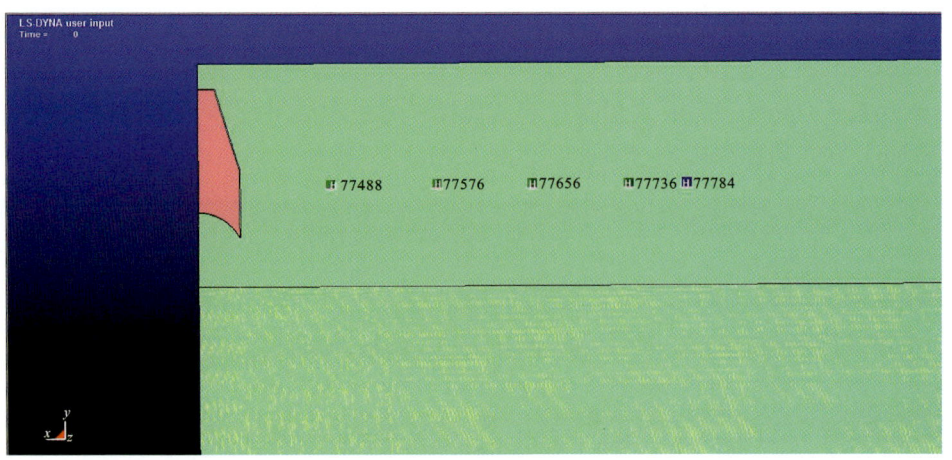

图 5.83 水击波监测点位置

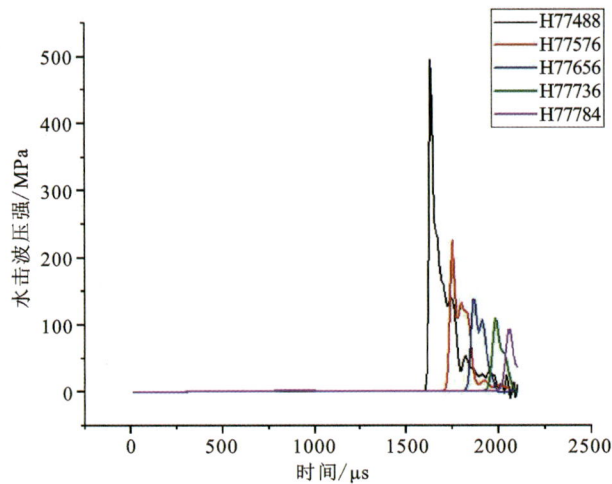

图 5.84 100 m 水深 5 个监测点水击波压力曲线图

表 5.8 100 m 水深数值模拟监测点水击波压力峰值

测点	爆心距 R/m	水击波峰值压力 p/MPa
1	0.2	495
2	0.4	226
3	0.6	138
4	0.8	109
5	0.9	93

数值模拟计算 100 m 水深 5 个监测点的水击波峰值压力变化趋势如图 5.85 所示。

数值模拟计算的水击波传播和衰减规律拟合曲线如图 5.86 所示。在岩体表面附近位置间隔选取爆破振动监测点，监测点布设如图 5.87 所示，共包括 4 个测点，监测点 1～监测点 4 的爆心距分别为 0.40 m、0.53 m、0.67 m、0.81 m，单元编号分别为 H903011、H903013、H903015、H903017。100 m 水深环境下数值模拟中各个监测点在空间 x（水平径向）、y（水平

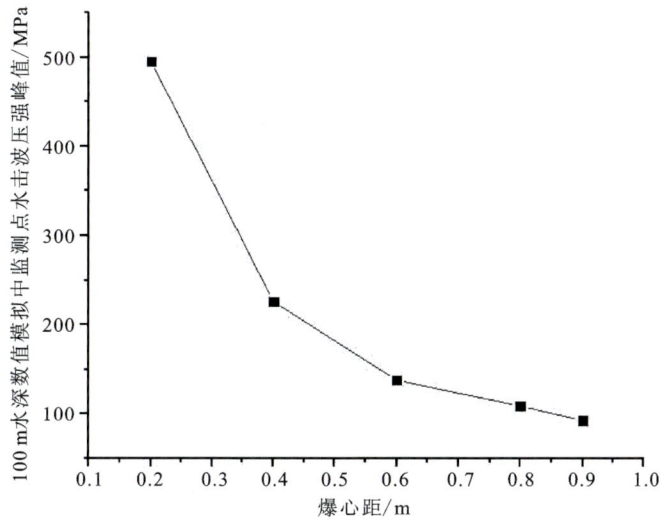

图 5.85　100 m 水深 5 个监测点水击波峰值压力变化趋势

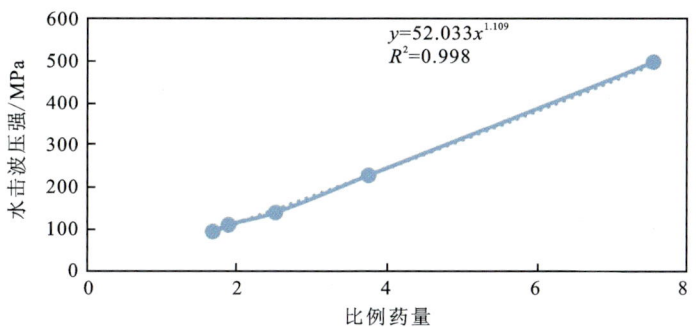

图 5.86　数值模拟计算的水击波传播和衰减规律拟合曲线

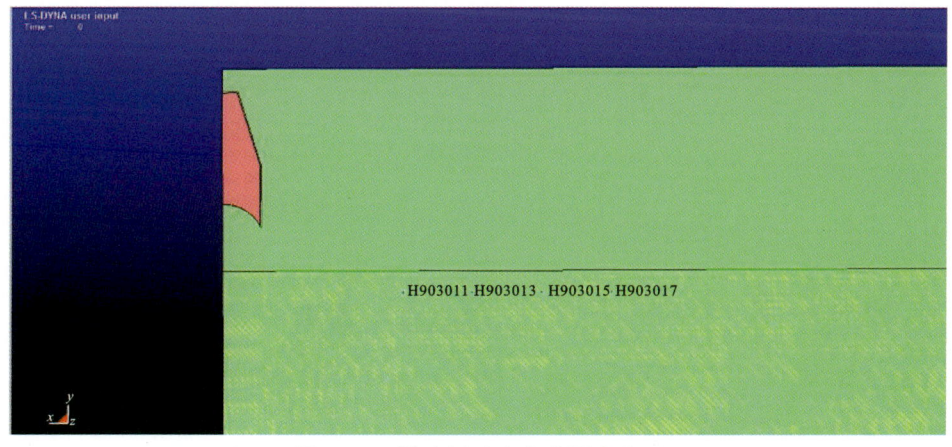

图 5.87　爆破振动速度监测点位置

切向)、z(垂直方向)3 个方向上的振动速度时程曲线如图 5.88～图 5.90 所示。对比 4 个监测点在 x、y、z 方向上的爆破振动速度峰值大小,可知 x 方向上的爆破振动速度峰值最大。100 m 水深条件下数值模拟计算的 4 个监测点在 x 方向上爆破振动速度峰值见表 5.9。

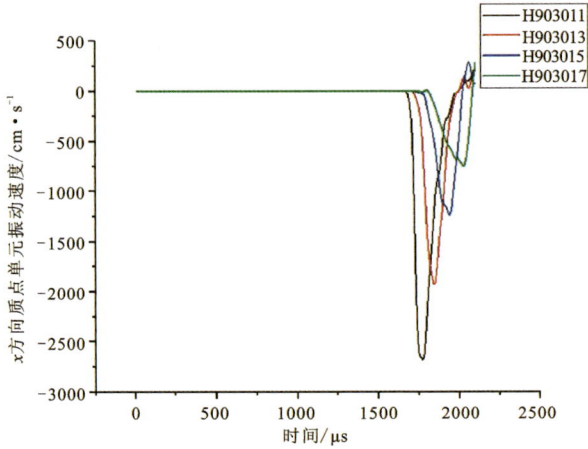

图 5.88　100 m 水深数值模拟中 4 个监测点在 x 方向上的振动速度曲线图

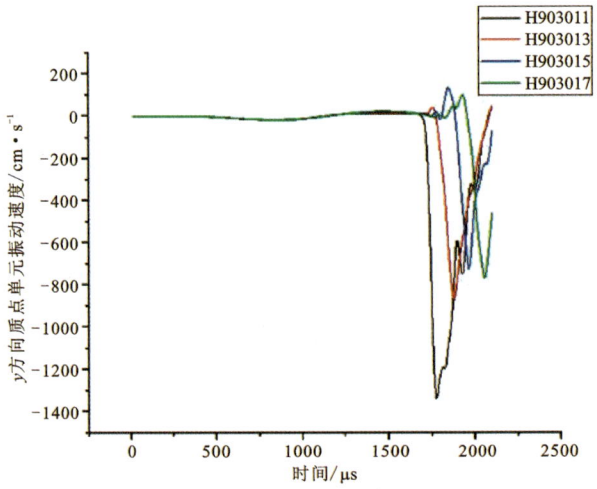

图 5.89　100 m 水深数值模拟中 4 个监测点在 y 方向上的振动速度曲线图

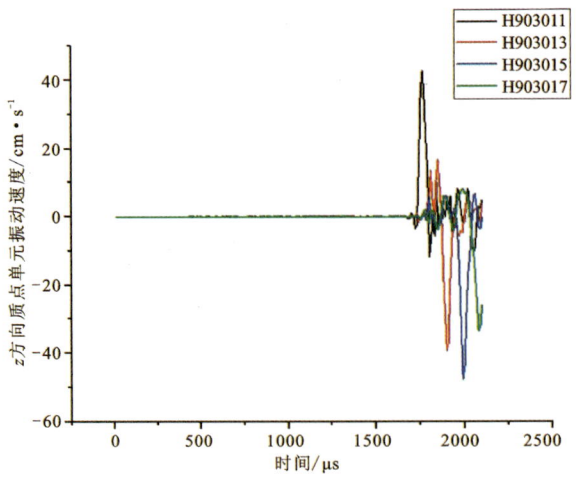

图 5.90　100 m 水深数值模拟中 4 个监测点在 z 方向上的振动速度曲线图

装置利用桁架自身刚度作导向,将桁架一节一节先垂直下入水中并记录下放长度,彼此之间采用法兰连接,同时桁架下部系一根牵引钢丝绳,钢丝绳另一端悬挂于岸坡的一点,与卷扬连接实现长度调节,当桁架达到事先计算出的长度后不再下入,上端用法兰固定在承板上,下端悬于水中。隔水套管沿桁架的空腔下入相同长度,上部用夹持器固定。将钻具沿套管下入,钻具下带钻头,钻具上部钻杆用大钩悬吊。此时,桁架、隔水套管和钻具的上部都连接在浮式平台上,下部悬于水中。

利用岸坡上卷扬机收紧钢丝绳,上提调整桁架角度,桁架、隔水套管和钻具沿轴承旋转,事先计算好开斜孔时倾斜状态下的桁架长度 L,将桁架下端上提到陡坡上预定的开孔位置,与岸坡接触,桁架底部站脚与岩石接触。然后启动螺杆钻具,实现深水陡坡开孔,此时钻孔方向与坡面垂直,钻孔顶角为 φ。

钻孔过程中,桁架、隔水套管和钻具都处于倾斜状态,上部连接在浮式平台上,下部与深水陡坡预定孔位处接触(图 5.94)。从里到外依次是钻具、隔水套管、桁架,钻具置于隔水套管中,隔水套管置于桁架空腔里,最终由桁架承受较大弯矩,从而避免了细长的隔水套管在倾斜状态下弯曲变形。桁架下端被钢丝绳牵引并与预设孔位岩石面接触,平台四周与河床两岸连接固定,形成稳固的受力结构,螺杆钻具带动钻头实现平衡开孔。

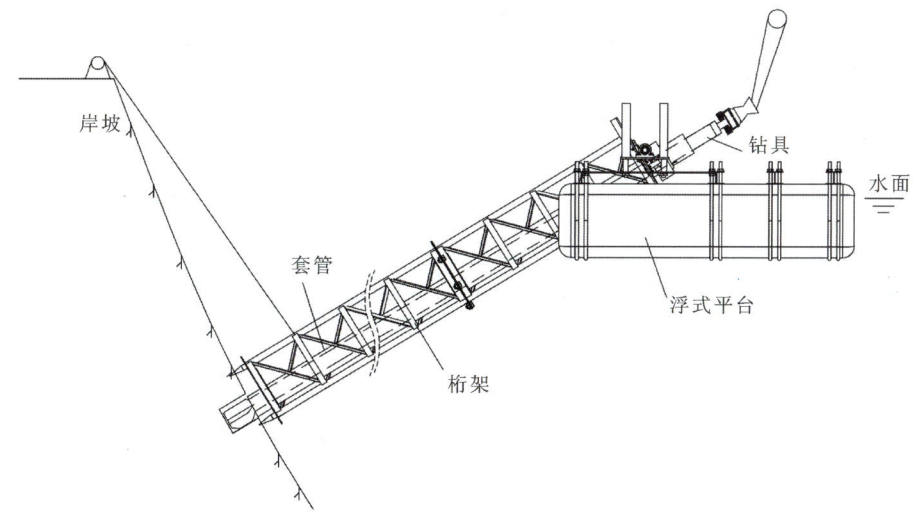

图 5.94 深水陡坡开斜孔时示意图

5.3.2.2 直孔情况下开孔

深水陡坡上开垂直孔,先采用与开斜孔一样的方式钻出一个浅孔,然后逐渐调整平台向岸边靠拢,缩小钻孔顶角 φ,钻具不再向下送钻给进,利用钻头侧刃铣销,直至达到钻孔完全垂直状态,然后送钻给进完成直孔开孔(图 5.95、图 5.96)。

在陡坡预定孔位斜上方下放桁架、隔水套管和钻具,然后利用岸坡卷扬通过收紧钢丝绳将桁架底部提起至陡坡预定开孔位置处,桁架处于倾斜状态。卸下隔离套管上部夹持器的自重式卡瓦,使套管处于能上下活动的状态。然后运用钻头进行小压力倾斜钻进,钻进至一定

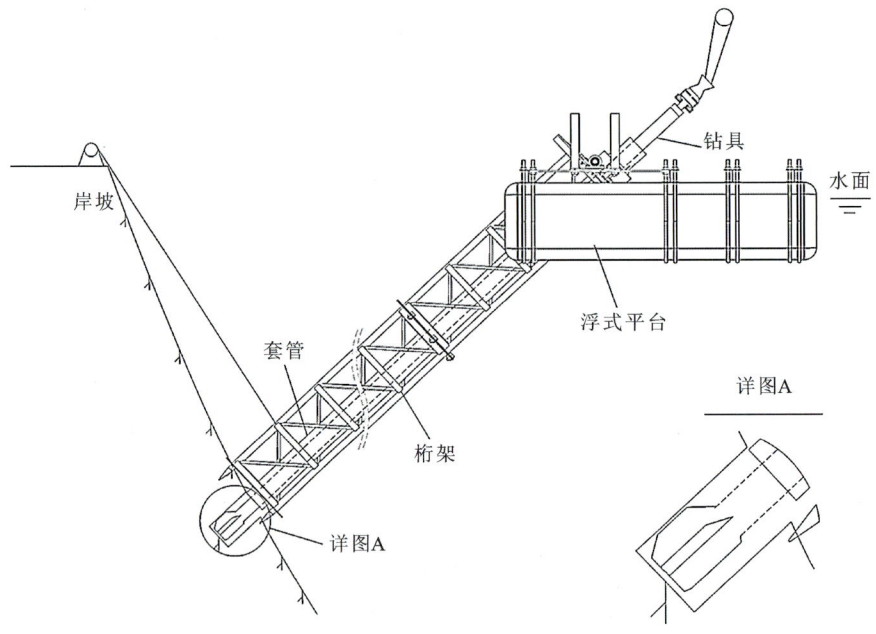

图 5.95 深水陡坡开直孔时示意图 1

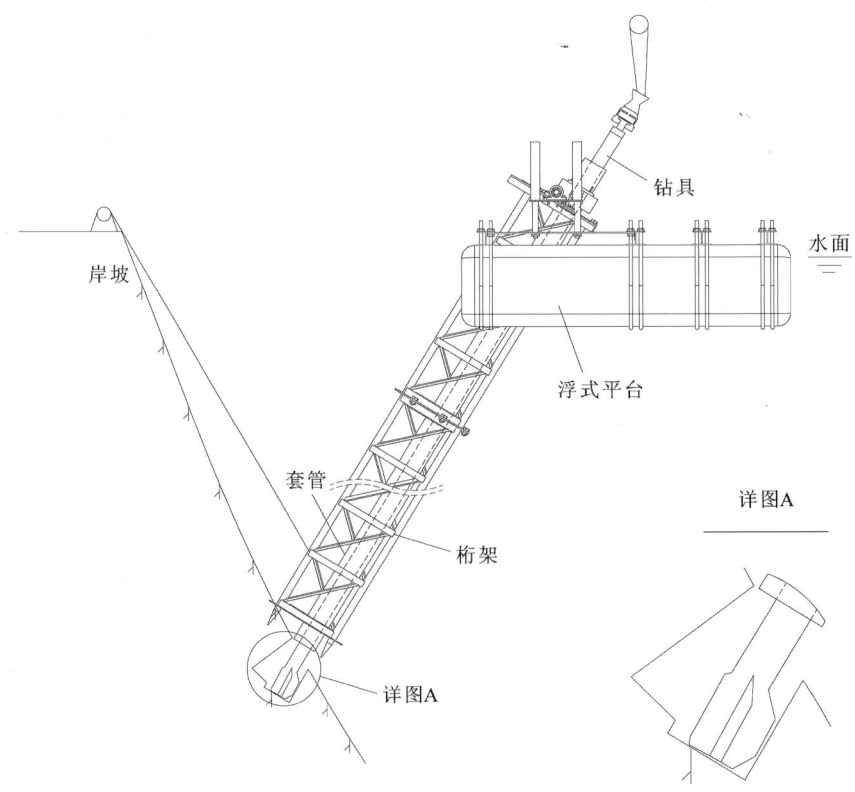

图 5.96 深水陡坡开直孔时示意图 2

深度,如 0.3~0.4 m 后,上提钻具带动钻头修磨孔壁,再下放钻具,往返几次使孔径扩大。上提钻具到套管内,保持桁架底部位置在孔位处不动,移动浮动式平台向岸坡方向一定距离,减小钻孔顶角,如上述操作继续小压力倾斜钻进。如此反复 2~3 次,直至平台到达预定孔位正上方,在陡坡上预定孔位给隔水套管钻出一个站脚平台,即完成了深水陡坡开直孔的"造窝",从而解决了深水陡坡上开直孔时,隔水套管顺坡下滑无法生根的技术难题。隔水套管在预定孔位处平稳立住,然后启动钻具,在深水陡坡上开展直孔钻探工作。

浮动式平台向岸坡移动过程中,桁架由倾斜逐渐竖直,两组伸缩油缸筒被桁架顶起,桁架伸出平台,补偿了水下桁架长度的变化。轴承结构逐渐旋转至水平(图 5.97)。

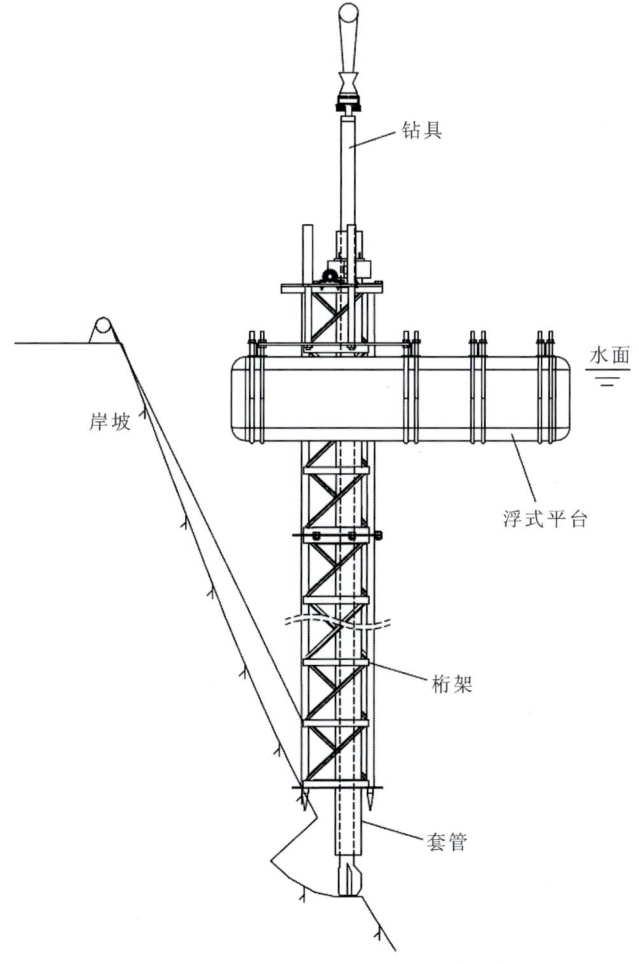

图 5.97 深水陡坡开直孔时示意图 3

桁架式深水陡坡开孔方法中,无论是斜孔还是直孔,桁架和套管都具备升沉补偿能力,能适应钻孔过程中水位的小幅度变化。当水位变化幅度大于油缸的升沉补偿范围时,通过增减桁架适应水位变化。若监测到钻孔角度与设计角度的偏差大于允许偏差,则移动浮式平台调整桁架角度至设计角度。

6

三板溪水电站低温水治理工程深水地锚应用实例

6.1 概　述

大型水库通常会呈现垂向水温分层现象,使得下泄水体温度与建库前的天然水温存在显著差异,主要表现为春夏季下泄水比天然河道水温低。春夏季为农作物生长、鱼虾繁殖的季节,下泄的低温水会对这些生物的生长繁殖造成不利影响。由于历史原因,我国运行的高坝大库大多存在低温水问题。随着环境保护要求越来越高,低温水治理工程也逐渐受到重视。

三板溪水电站位于沅水上游清水江中下游,坝址在贵州省锦屏县境内,是沅水干流15个梯级水电站中的龙头水电站。水库正常蓄水位475.00 m,坝型为混凝面板堆石坝,最大坝高185.50 m,电站总装机容量100万 kW,是典型的高坝大库传统取水电站。

三板溪水电站下游及支流自然条件优越,水质良好,有鱼类产卵场分布,鱼类产卵繁殖时间主要集中在5月和6月,产卵适宜水温要求在18 ℃左右。6月下游水温在19 ℃以上,可满足鱼类产卵繁殖最低水温要求,但4月、5月下游水温在14.6～17.0 ℃间,低于下游鱼类产卵繁殖适宜水温,长期的低温水环境会给鱼类繁殖带来不利影响。

在不影响三板溪水电站正常发电的前提下,同时避免常规建设可能带来的地质次生灾害,经多次调查研究和论证分析,提出了采用隔水幕墙方案改善下泄水温的方案,即三板溪水电站低温水治理试验工程。隔水幕墙是在坝前适当位置建设合适挡水高度的柔性不透水幕墙,改变坝前水域水温分布结构,达到改善下泄水温的目的(图6.1)。

三板溪水电站低温水治理试验工程中布置了31根深水地锚作为隔水幕墙的水下锚固结构。水电站正常蓄水位高程为475.00 m,最大水深为160 m;正常发电工况水流流速为1～2 cm/s;深水地锚布置区河底地质条件复杂,分布有堆积物和河流冲积物,堆积物为建设期间抛填的碎石、块石,厚度为5～10 m;河床覆盖层厚度约为20 m,且物质组成复杂,预计穿过表层堆积物和覆盖层总厚度25～30 m。

6.2 深水地锚布置

隔水幕墙系统由左、右岸索塔系统,浮箱系统,拉索及幕墙系统,水下锚固系统等几个部分组成。隔水幕墙在运行中将阻隔低温水,承受幕布前后水压力差,将水压荷载传递至两岸和下部的支承结构,隔水幕墙荷载传递示意图如图6.2所示,其中水下锚固系统是隔水幕墙底

6 三板溪水电站低温水治理工程深水地锚应用实例

图 6.1 低温水治理隔水幕墙效果图

部支承结构,水下地锚结构上端用于挂置隔水幕墙纵向拉索,承受幕墙纵向拉索的拉力,其安全可靠性关系到隔水幕墙是否能成功运行。

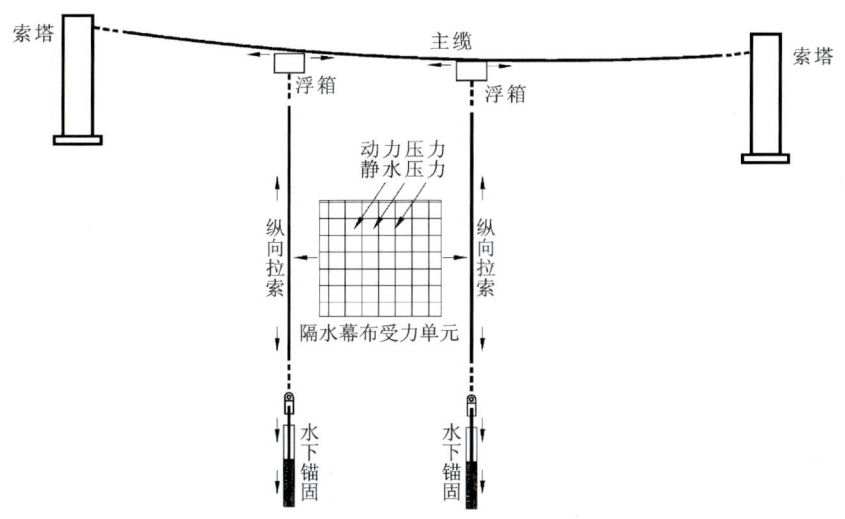

图 6.2 隔水幕墙系统荷载传递示意图

项目实例隔水幕墙左、右岸索塔中心距离为 455 m,除距左岸索塔 30 m、右岸 35 m 范围内水深较浅幕墙结构受力很小且不需布置纵向拉索及地锚,同时因地形原因也不适宜布置地锚外,在河床中部横河向挡水宽 390 m 范围内均布置水下地锚结构,水下地锚结构间距为 13 m,沿线共布置 31 束水下地锚结构。水下地锚布置平面示意图如图 6.3 所示,水下地锚布置立面示意图如图 6.4 所示。

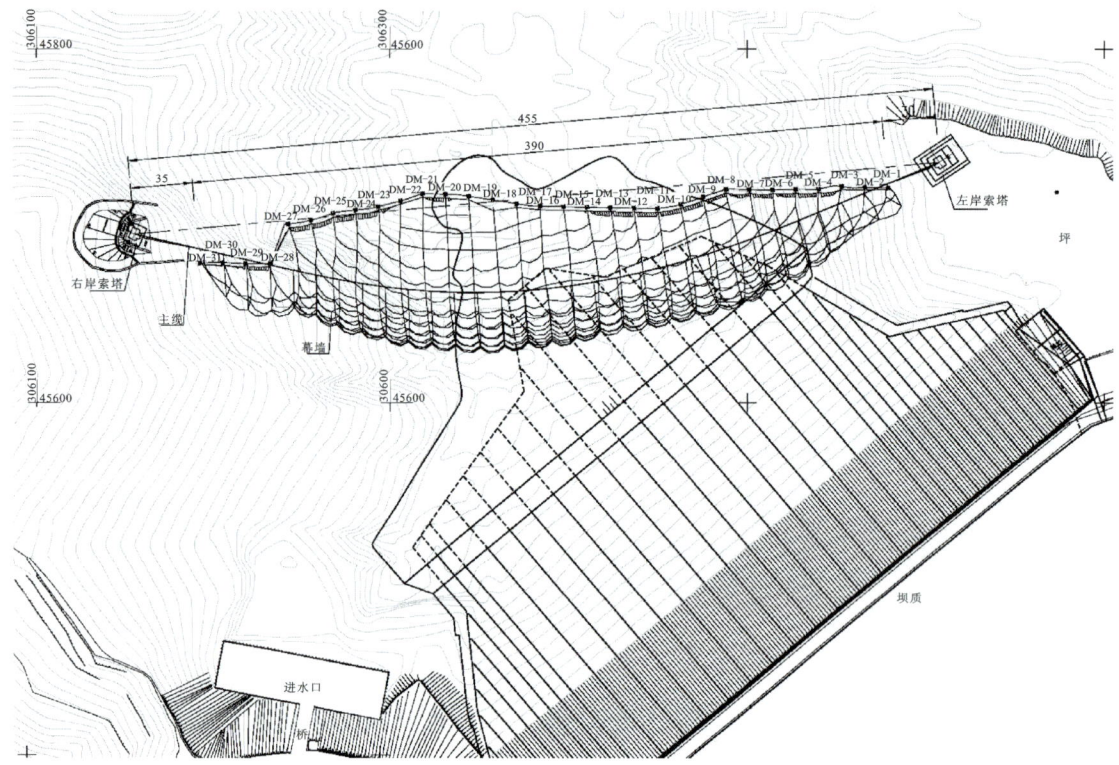

图 6.3 水下地锚布置平面示意图(单位:m)

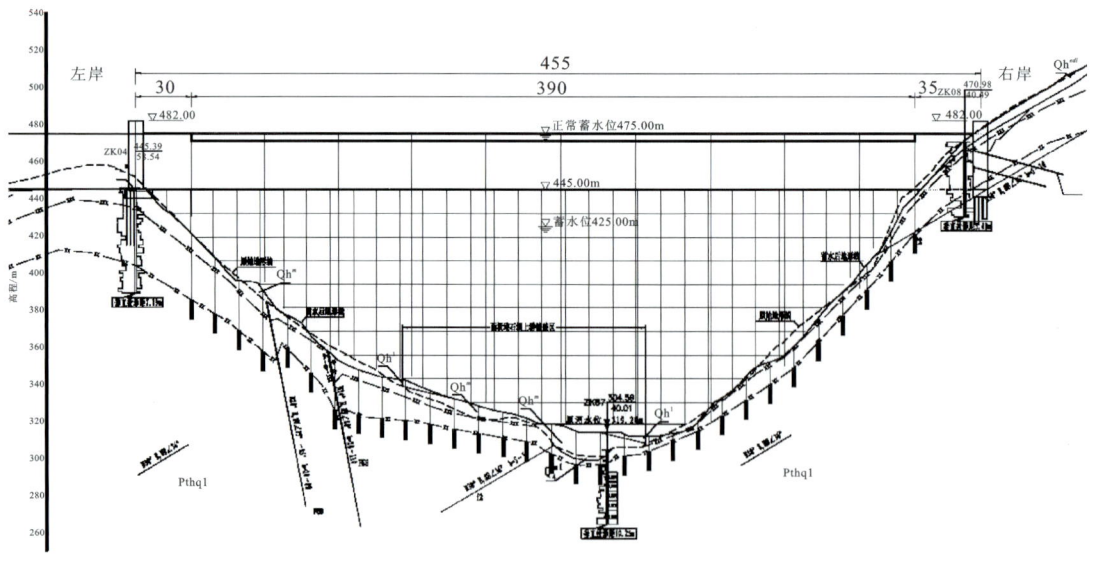

图 6.4 水下地锚布置立面示意图

隔水幕墙运行时,31 束水下地锚结构在不同水位运行工况下轴向拉力包络分布如图 6.5 所示,其中水下地锚最大拉力约为 520 kN。

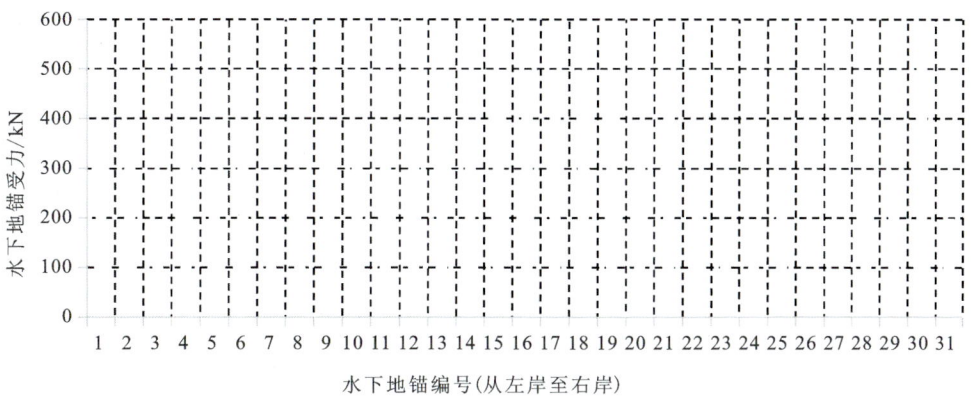

图 6.5 水下地锚结构受力分布图

6.3 深水地锚施工

6.3.1 施工工艺流程

深水地锚施工工艺流程见图 6.6。

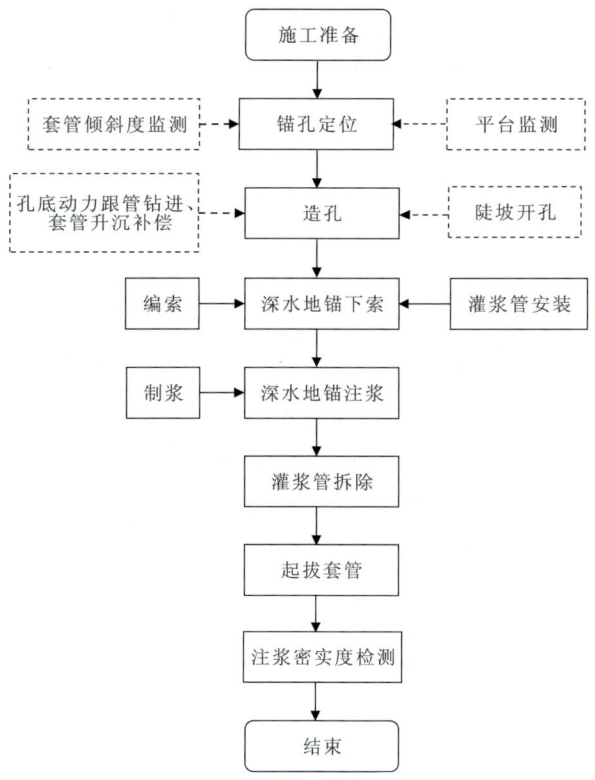

图 6.6 深水地锚施工工艺流程图

6.3.2 操作要点

6.3.2.1 造孔

1. 平台定位

在岸边搭建水上作业平台,采用拖船将水上平台运至预定孔位附近,平台上四角设置电动绞车和拉索,拉索一端连接在绞车上,另一端与岸锚相连。收放拉索微移水上平台,在平台移动过程中,采用 GPS 测量仪器跟踪定位(图 6.7),使平台上预留的钻孔井口对准预定孔位,并对其进行实时位移监测。当平台位移超过预警值后,及时改变平台四角各根拉索的长度调整水上平台的位置。

图 6.7 GPS 测量仪器跟踪定位

2. 陡坡开孔

当深水锚孔位于陡坡上时,钻孔前需开孔造窝,为套管或钻具提供站脚平台。结合现场实际,项目现场采用了高压水射流法完成陡坡开孔。其中 DM-29 号孔位位于右岸,水深 46 m,岩石坡面倾角达到 51°,采用高压水射流法顺利实现了开孔(图 6.8～图 6.11)。

6 三板溪水电站低温水治理工程深水地锚应用实例

图 6.8　高压水射流喷嘴

图 6.9　陡坡开孔前照片　　　　　图 6.10　陡坡开孔后照片

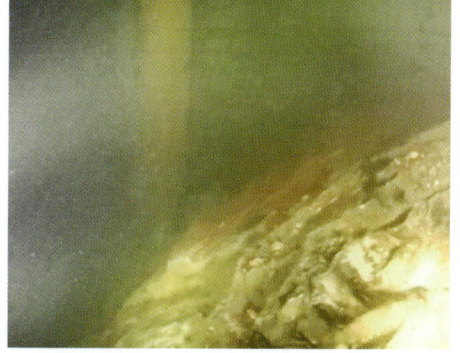

图 6.11　套管"站"在陡坡上照片

3. 钻孔

采用螺杆钻具带动双心钻头扩孔跟管钻进，套管外实时测斜，套管升沉补偿工艺。采用额定钩载为 70 t 的钻塔下入 Φ244.5 mm 套管，套管下入一半深度时，在套管外侧安装倾斜度测量仪器，能实时监测套管倾斜度，利用套管自重将套管嵌入至覆盖层内一定深度（图 6.12～图 6.14），管口采用孔口夹持器固定，孔口夹持器与升沉补偿装置配合使用。然后下入螺杆钻具配 212～250 mm 偏心钻头进行覆盖层钻孔。因钻孔孔径大于套管外径,覆盖层每钻进 0.5 m,套管慢慢"放"入孔内。若第一级套管跟管困难,取出螺杆钻具和 212～250 mm 偏心钻头,下入第二级套管(Φ178 mm 套管),再下入螺杆钻具配 155～183 mm 偏心钻头,继续跟管钻进,直到套管完全隔离履盖层。然后提出螺杆钻具和偏心钻头,更换成 PDC 钻头,采用螺杆钻具配 PDC 钻头进行基岩钻孔,直至设计孔深。钻孔结束后,进行洗孔工作,直至回水澄清 10 min 后结束。其中 DM-21 号孔孔口高程 313.14 m,施工时库水位高程 473.45 m,水深 160.31 m,覆盖层厚度 11.25 m,钻孔孔深 23.83 m,成功突破内河超 160 m 水深钻孔技术瓶颈。

图 6.12 深水钻孔照片

图 6.13 起拔钻杆照片　　　　　图 6.14 起拔套管照片

套管和钻杆起下钻采用高强度钻塔、悬臂吊、滑板车配合作业,套管采用液压泵站驱动套管钳拧卸,套管井口采用孔口夹持器固定。

6.3.2.2 地锚结构与注浆系统

1. 地锚结构

水下地锚包括索体和索节。索体由下至上包括锚固段、过渡段和自由段。设计索节长610 mm,索体锚固段嵌入弱风化岩体下限线以下,为地锚结构提供抗拔力,弱风化岩体以上依次为过渡段、自由段。锚固段长9 m,过渡段长4 m,自由段长度按照现场需求进行设置。索体的主要零件为导向帽、钢绞线、土工布止浆包、挤压锚头、进浆管等。采用水泥浆将地锚索体下部钢绞线与岩石孔壁黏结在一起,为地锚结构提供抗拉拔力。为增加与水泥浆的黏结力,锚固段为分散的单束钢绞线。过渡段为一段整体挤压钢绞线,整体挤压钢绞线可改善单股钢绞线不均匀受力状况,过渡段也灌注水泥浆。过渡段以上为自由段,自由段也为整体挤压钢绞线,钢绞线外包裹PE保护套,自由段不灌注水泥浆液,钢绞线可在孔壁内自由摆动、伸缩。自由段上端经整束挤压锚头与索节连接。水下地锚结构见图6.15。

2. 注浆系统

第一进浆管外径Φ25 mm,内径Φ20 mm,单根长度一般为6 m,两两之间通过正丝接头连接。第一进浆管下端通过反丝接头与第二进浆管上端连接,反丝接头位于地锚牵引绳预留孔与卸扣穿销孔之间,第二进浆管的长度为500 mm。反丝接头下部为左旋螺纹,反丝接头下部的螺纹与上部的螺纹相反,方便第一进浆管的拆除。第三进浆管为塑料管,外径Φ25 mm,内径Φ20 mm,第三进浆管编入索体,且下端临近锚孔底部。第二进浆管下端与第三进浆管上端套接,即第二进浆管的外侧套接入第三进浆管内侧。第二进浆管和第三进浆管的连接处通过抱箍固定于索节上,第一进浆管与制浆装置的输浆口连通。制浆装置包括依次连通的高速制浆机、双层搅拌桶、注浆泵。

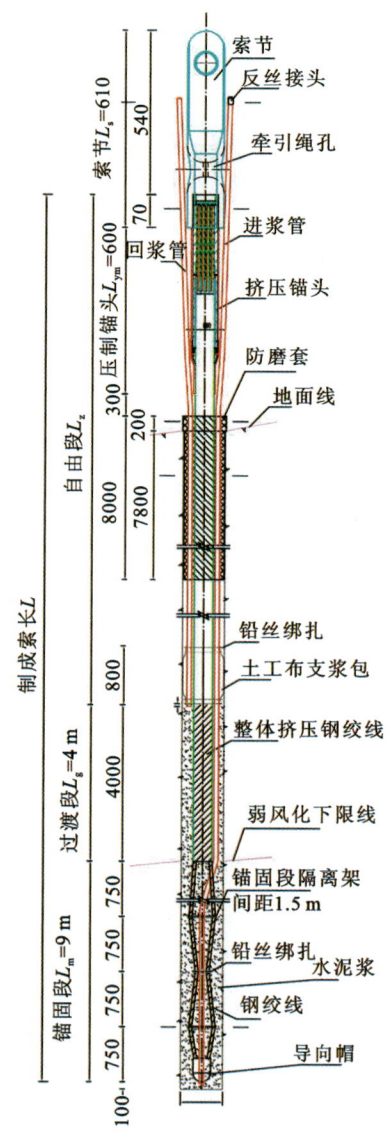

图 6.15 水下地锚结构图
(单位:mm)

6.3.2.3 地锚编索与下索

1. 编索

先将第三进浆管和回浆管编入索体,再把第二进浆管套接在第三进浆管上方,第三进浆管出口到孔底距离不大于 100 mm,并将进浆管出口由平口削成坡口,确保浆液由孔底自下而上逐步置换钻孔内积水且不会堵口。对锚固段进行编索,安装隔离架、导向帽、注浆密实度检测传感器等,如图 6.16 所示,编索时应保持每根钢绞线顺直,不得交叉或打绕。

图 6.16 地锚编索图

为有效控制注浆长度及注浆质量,在锚索过渡段与自由段分界处设置土工布止浆包,第三进浆管在止浆包内开了一个直径为 10 mm 圆孔,注浆过程中浆液通过该圆孔充填止浆包,确保止浆效果,如图 6.17 所示。回浆管下口置于止浆包下端面 20 mm,回浆管上口置于索节的穿销孔下方 100 mm,水下摄像头置于回浆管上口上方,用于监测回浆管上口返浆情况。

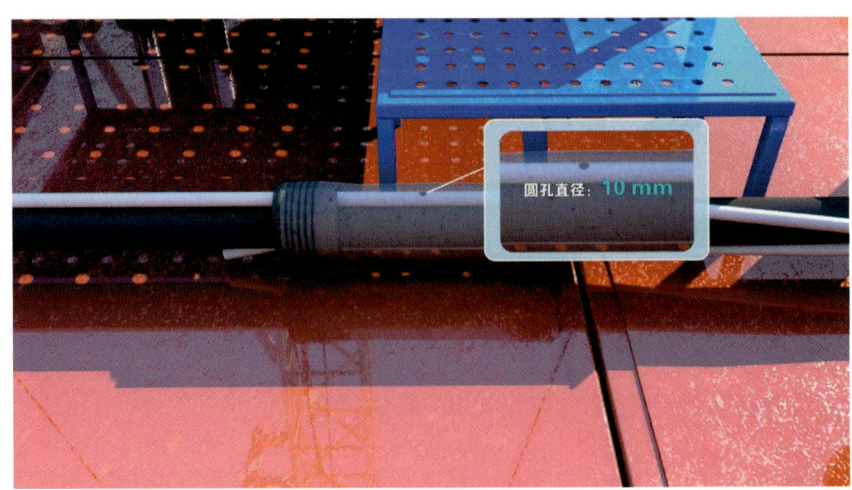

图 6.17 第三进浆管开孔

6 三板溪水电站低温水治理工程深水地锚应用实例

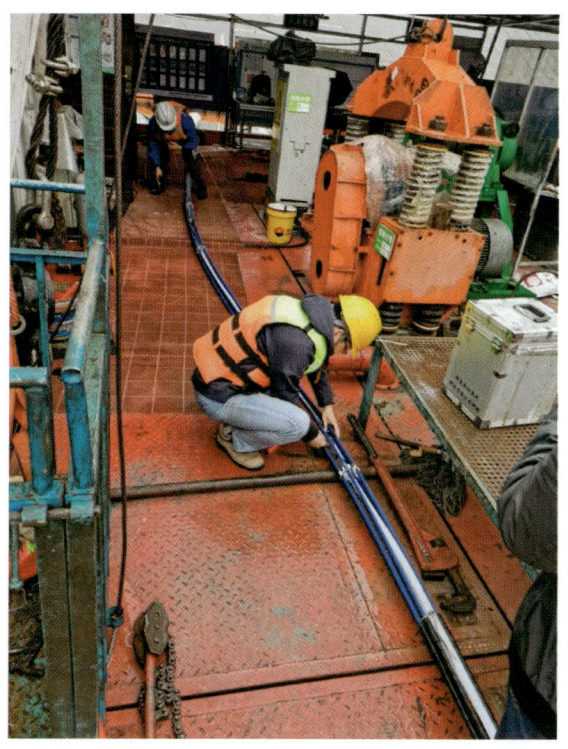

图 6.18 现场编索照片

2. 下索

用牵引绳穿过索节预留孔，利用悬臂吊和牵引绳将整束锚索吊入锚孔上方的隔水套管内，慢慢下放牵引绳，将锚索缓缓下入锚孔内，如图 6.19 所示。下索过程中采用提引器和垫叉配合管钳逐根安装第一进浆管，在第一进浆管与第二进浆管之间设置一个反丝接头。第一进浆管逐根安装过程中，特别注意要采用管钳卡住下方已安装的第一进浆管，旋转上方需将安装的第一进浆管与接头拧紧，防止第一进浆管安装过程中在反丝接头处脱开。根据第三进浆管安装长度，判断锚索是否下放到位。

图 6.19 地锚下索过程图

· 183 ·

6.3.2.4 制浆与注浆

1. 制浆

在深水注浆中,普通的注浆材料很难保证注浆性能。水下注浆要求浆液具有早强、水下不分散性能,以及微膨胀等特性。通过试验研究出了适用于低温深水环境下的灌浆材料配方,见表6.1,该浆液具有早强、高强、微膨胀、析水率低、流动性好、水下抗分散、对钢绞线不产生腐蚀等优良特性。

水泥选用强度等级为52.5 MPa的普通硅酸盐水泥,聚丙烯酰胺(PAM)作为絮凝剂,减水剂采用聚羧酸高效减水剂,硫酸锂(Li_2SO_3)作为早强剂,膨胀剂采用UEA型混凝土膨胀剂,微硅灰作为掺合料。

表6.1 深水地锚水下灌浆材料配合比

材料	水	水泥	减水剂	早强剂	絮凝剂	膨胀剂	微硅灰
配合比 (制备102 L浆液)	52.5	150	0.9	0.15	0.022 5	0.75	5.25

制浆材料按规定的浆液配合比计量,计量误差小于5%。考虑到浆液水灰比较小,采用手持式搅拌机制浆,在搅拌桶内先加入水,再投入外加剂,然后投入掺合料,最后慢慢加入水泥,浆液的搅拌时间从全部原材料投料完成后起算,不少于3 min。浆液制好后放入双层搅拌桶内储存,浆液自制备至用完的时间不大于4 h。现场制浆施工见图6.20。

图6.20 现场制浆施工图

2. 注浆

深水地锚下索完成后,应尽早进行注浆。深水地锚注浆采用全孔一次灌浆法,注浆浆液采用试验研究的高强锚固浆液。注入率不宜超过 15 L/min,注浆压力为 0.1～0.3 MPa,确保浆液能完全置换锚固段内的积水并不造成浪费。注浆过程中应根据实际情况及时调整注浆压力。注浆量应根据锚固段、过渡段长度及进浆管长度,预先计算灌满地锚孔道所需浆液体积。还需通过水下摄像头监测回浆管上口返浆情况,如图 6.21 所示。当首次观测到回浆管返浆时,根据孔壁裂隙情况再继续注入 0.6～1.4 倍理论注浆量,裂隙发育程度高的注浆量较多,当观测到返出浆液浓度和注入浆液浓度基本一致后结束灌浆。注浆过程中应测记灌浆时间、注入量、注入率、注浆压力、浆液比重等各项数据。

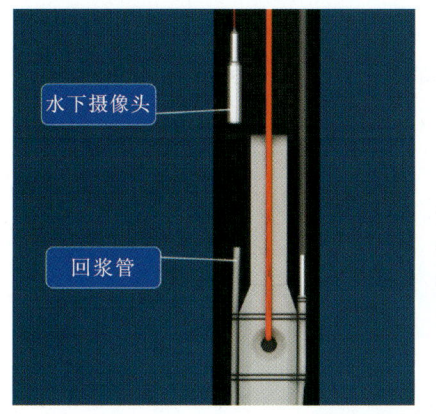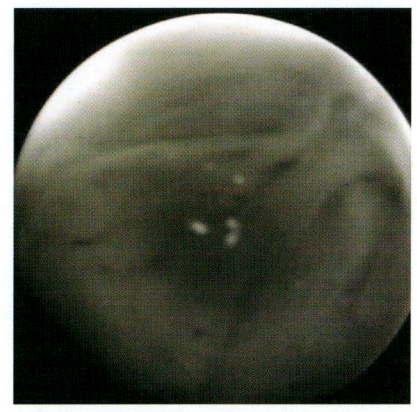

图 6.21 水下摄像头监测返浆情况

6.3.2.5 设备回收

深水地锚完成注浆后,应对注浆所用灌浆管和钻孔所用套管等设备进行回收。

1. 灌浆管拆除

深水地锚注浆结束后,位于深水中的注浆管路回收一直是困扰施工的一大难题。在正丝丝扣进浆管路上设置了一个反丝接头,既保证了浆液流动畅通,并能承受最大注浆压力,又能在注浆结束后,在水上平台上顺时针旋转进浆钢管,使进浆钢管在反丝接头处脱开,可以方便快捷地回收注浆管路,避免资源浪费和环境污染。

2. 起拔套管

灌浆管拆除后,为避免套管与孔壁固结,要立即起拔套管,若拔管困难,则采用振动锤配合钻塔强力起拔。套管拔出后,深水地锚在河底的状态如图 6.22 所示。

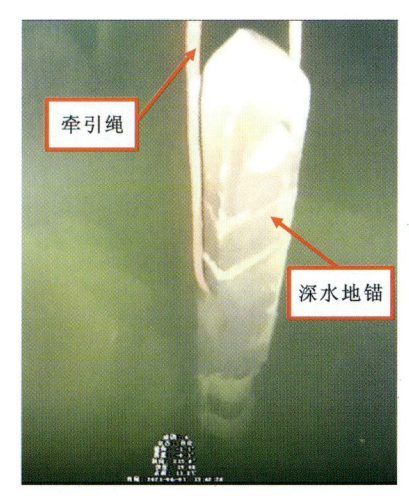

图 6.22 深水地锚施工完成后状态

6.3.2.6 注浆密实度检测

下索前,预先在锚固段顶部埋设压电陶瓷振源,在锚固段底部埋设压电陶瓷接收传感器,如图 6.24 所示。

(a)压电陶瓷振源

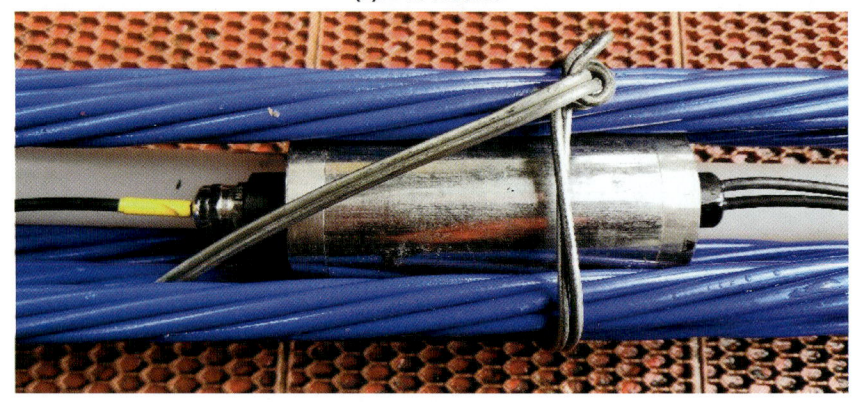

(b)压电陶瓷接收传感器

图 6.23 密实度检测仪器安装图

深水地锚注浆完成后,需进行注浆密实度检测,在作业平台上采用数字波测试仪采集检测传感器传输回来的数据,显示锚固段注浆密实度试验波形(30 d 龄期)、入射波波动累计能量变化曲线、接收波波动累计能量变化曲线,通过曲线可得到发射波能量和直达波能量。锚固段注浆密实度计算式为

$$D = (1 - \beta \times \eta) \times 100\% \quad (6\text{-}1)$$

$$\eta = \frac{E_z}{E_0} \quad (6\text{-}2)$$

式中:D 为锚固段注浆密实度(%);β 为波动能量修正系数,取 0.87;η 为直达波能量系数;E_z 为直达波能量(J);E_0 为发射波能量(J)。

通过计算模型锚索缺陷类型的杆系能量修正系数,结合计算杆体波速平均值评判锚索锚固质量。

6.4　成果分析

实例应用深水复杂地层成孔及锚固技术最新成果,同当前国内外同类项目相比较,具有以下技术优势。

(1)创新采用去钻机化设计,平台不设回转器,不安装钻机,通过地表送钻,孔底动力实现钻进,钻杆不旋转,对套管无撞击;采用双心钻头扩孔、多层套管跟管工艺,隔离复杂地层,优化每级套管尺寸和连接方式,套管起拔容易,结合套管升沉补偿技术,在完成隔水和隔离复杂地层的同时实现多级套管跟管安全高效钻进,内河深水钻探施工水深超过 160 m。

(2)采用套管外测斜技术和平台高精度定位技术,在保证套管垂直的基础上对平台井口高精度定位,进而实现了深水钻孔的精准定位,孔位偏差不超过 20 cm,孔斜误差不超过设计孔深的 3%。

(3)采用新型水下地锚结构,适应水库水位动态变化,与幕墙连接的索节部分,采用高强合金钢锻制而成,在满足结构强度要求的前提下,最大限度缩小了水下锚固结构与幕墙连接构件的结构尺寸,为在有限直径套管空间内施工水下地锚结构创造了良好条件。

(4)配制了一种具有优良性能的水下不分散浆液,浆体的 7 d 抗压强度超过 50 MPa,克服了传统浆液在深水环境下析水率高、早期强度低等问题。

(5)采用本深水锚固注浆工艺,通过水下摄像头监测回浆管返浆情况,与传统工艺相比,浆液无需返回水面,无需高压注浆,也能保证注浆质量,经无损检测,注浆密实度可达 95% 以上;同时进浆管路上设置特制接头,可方便快捷的回收管路,绿色经济。

6.5　经济与社会效益

深水地锚作为隔水幕墙工程成败的关键技术,成功地应用到三板溪水电站低温水治理试验工程。施工过程中没有对水电站运行产生任何影响,工艺环保绿色无污染,设计先进高效,实施效果良好。经工程应用成果表明,地锚施工水深在 100～200 m 且河底覆盖层深度在 15～25 m 的条件下,单个水上作业平台地锚施工工效约 7 d/根,地锚单位成本约 50 万元/根。与传统的锚固工艺相比,单位施工成本可降低 30% 以上,工期可缩短 50% 以上。另外传统工艺仅适应在水深不大于 60 m 的内河锚固施工,而本技术可适用于在水深不大于 300 m 的内河中进行各种复杂地层地锚施工。因此,无论是施工水深、锚固工效还是单位成本,本技术较传统的锚固工艺相比具有明显的技术与经济优势。

随着水深的增加,传统的水上作业平台、水下钻孔定位技术、锚固工艺等均难以满足要求,其地锚施工技术基本还处于摸索探索阶段。随着国内大江大河高坝大库的建成、运行,内河深水工程项目开始越来越多,深水锚固已成为制约内河深水工程实施的重要因素。本技术的推出填补了国内内河深水条件下复杂地层锚固技术空白,进一步拓展了我国应对深水条件下的复杂地层锚固技术手段与方法,对深水工程中锚固技术的应用具有重要意义,相关研究成果既可以服务于水下锚固工程,用于深水防渗灌浆,还可以在水上地质勘察和深水区资源勘探等领域得到广泛应用。本技术完全符合国家所要求的科技创新、节能环保要求,对破解内河深水工程锚固技术难题具有显著的经济效益与社会效益。

主要参考文献

班金彭,黄明勇,代云鹏,等,2020.西藏澜沧江班达水电站水上钻探施工技术[J].探矿工程(岩土钻掘工程),47(6):19-25.

蔡树垚,2021.软岩大变形隧道中基于位移差的预应力锚固体系设计方法与应用实践[D].成都:西南交通大学.

曹国强,张睿,2017.高压水射流研究现状及应用[J].沈阳航空航天大学学报,34(3):1-16.

柴喜元,2018.深孔地质岩心钻探用变频电驱动泥浆泵的研究与应用[D].衡阳:南华大学.

柴喜元,雷泽勇,刘晓阳,等,2018.小口径深孔绳索取心钻探用泥浆泵性能参数计算[J].地质装备,19(4):7-11.

陈霞林,李宁,1996.三板溪水电站混凝土面板堆石坝设计[J].中南水力发电(3):16-21.

陈欣,赵晓磊,王立坤,等,2022.深水大型吸力锚建造技术研究[J].海洋工程装备与技术,9(1):32-36.

陈永龙,2019.PDC径向轴承的布齿方法及力学性能研究[D].成都:西南石油大学.

程良奎,2003.岩土锚固[M].北京:中国建筑工业出版社.

崔永雄,2022.锚固技术在岩土工程中的应用[J].江西建材(3):117-118.

邓东平,李亮,高连生,2016.锚索锚固质量检测的应力波法试验研究[J].中南大学学报(自然科学版),47(8):2768-2775.

丁潇,2016.巷道围岩离层下锚杆荷载传递机理及支护设计研究[D].西安:西安科技大学.

杜嘉培,2019.深水弱胶结地层梯度强化固井液体系研究[D].青岛:中国石油大学(华东).

冯启文,王业义,曹向东,等,2008.苏通大桥大直径深水超长桩基础桩底注浆的关键技术[J].公路(4):102-106.

高建波,2012.浅谈水上地质钻探方法选择与应用[J].铁道勘察,38(4):51-54.

桂满海,施建华,2014.海洋石油708设计研究[J].舰船科学技术,36(S1):75-78.

郭世建,王尊策,徐德奎,2018.低压水射流空化喷嘴油管清洗数值模拟与试验研究[J].当代化工,47(9):1972-1977.

郭万金,1994.双心PDC钻头设计及应用[J].钻采工艺,17(1):99-101.

国家能源局,2018.水电工程覆盖层预应力锚索技术规范:NB/T 35100—2017[S].北京:中国水利水电出版社.

国家能源局,2021.水电水利工程锚杆无损检测规程:DL/T 5424—2009[S].北京:中国电力出版社.

国家能源局,2021.水电水利工程锚索施工质量无损检测规程:DL/T 5820—2021[S].北京:中国电力出版社.

国振,王立忠,李玲玲,2011.新型深水系泊基础研究进展[J].岩土力学,32(S2):469-477.

韩飞,2022.水下锚索动力响应分析及索力识别方法研究[J].力学学报,54(4):921-928.

韩侃,李登科,2011.预应力锚索锚固力拉拔试验分析[J].岩土工程学报,33:392-394.

韩永华,2017.预应力锚索施工质量检测技术体系及其工程应用[J].公路交通技术,33(3):7-9.

何超宏,2021.锚杆、锚索等锚固技术在岩土工程中的应用[J].西部资源(6):24-25.

何胜党,2014.水下灌浆工艺在码头抛石基床加固中的应用[J].水运工程(5):156-159.

何思明,王成华,2004.预应力锚索破坏特性及极限抗拔力研究[J].岩石力学与工程学报,23(17):2966-2971.

何云龙,2020.基于土锚共同作用的膨胀控制型锚杆力学特性研究[D].武汉:长江大学.

洪海春,2007.边坡岩体锚固性能研究及其工程应用[D].南京:河海大学.

侯敬民,2017.古山矿冲击危险区域锚索支护质量无损检测研究[J].煤矿开采,22(1):6-10.

侯献海,步玉环,郭胜来,等,2016.纳米二氧化硅复合早强剂的开发与性能评价[J].石油钻采工艺,38(3):322-326.

胡郁乐,王元汉,李云波,等,2004.钻孔水力采矿水采装置的设计研究[J].有色金属(矿山部分),56(4):34-35.

胡郁乐,王元汉,乌效鸣,等,2003.钻孔水力采矿水枪喷射力试验台的设计[J].探矿工程,2003(增刊):167-169.

黄国兴,陈改新,1998.水工混凝土建筑物修补技术及应用[M].北京:中国水利水电出版社.

贾俊梁,闫文辉,王维旭,等,2015.主被动结合型钻柱升沉补偿装置[J].石油矿场机械,44(1):52-55.

江国勤,余海涛,2012.桥梁围堰封底缺陷处理技术探讨[J].现代交通技术,9(3):60-62.

蒋治强,2013.船用大抓力锚抓底性能研究[D].大连:大连海事大学.

焦园发,2020.挤土钢片特性对充气膨胀控制锚杆承载性能的影响研究[D].武汉:长江大学.

柯熠,毛桂庭,欧阳邓培,等,2017.后混式高压磨料水射流磨料分布规律分析[J].矿冶工程,37(5):30-34.

雷宇,谢宏峰,张红军,等,2021.顶部驱动钻井装置标准的发展及建议[J].石油工业技术监督,37(3):19-21.

李传华,杨高军,黄海涛,2013.PDC复合钻井技术在苏里格气田水平井中的应用[J].钻采工艺,36(3):116-117.

李国强,赵大奎,赵斌,等,1997.深水淹没高喷注浆帷幕技术[J].中国安全科学学报(5):62-67.

李连荣,王晓燕,许栋刚,2024.大厚度材料磨料水射流切割工艺及关键技术[J].新技术新工艺(4):79-82.

李曼,2022.231米"海牛Ⅱ号"创造深海钻机钻探深度新纪录[J].科技创新与品牌(1):65.

李佩瑶,2018.隔水幕布治理水库下泄低温水的物理模型试验与数值模拟研究[D].天津:天津大学.

李琦,2022.边坡支护中岩土锚固技术的应用[J].散装水泥(3):166-168.

李青锋,缪协兴,2015.基于应力波理论的锚杆支护无损检测机理与应用实践[M].南京:东南大学出版社.

李尚华,2022.浅谈水上钻探[J].甘肃水利水电技术,38(2):133-135.

李尉进,1998.立井深水抛渣注浆封水[J].建井技术(2):25-26+63.

李晓辉,张卓,薛学涛,2011.岩土锚固技术的发展综述[J].山西建筑,37(28):69-70.

林华杰,2020.水下基床灌浆在重力式码头加固升级中的应用[J].中国水运(下半月),20(12):83-85+87.

刘会影,2008.基于CAE的螺杆钻具结构分析及优化设计[D].天津:天津理工大学.

刘孟,肖恩尚,2021.面板堆石坝水下渗漏灌浆处理成套技术研究[J].企业管理(S2):22-23.

刘庭成,白俊英,白春雪,1995.高压水射流技术综述[J].冶金设备(5):51-53.

刘永军,吴俊浩,2021.岩土锚固技术在岩土工程边坡治理中的应用[J].河南科技,40(12):100-102.

陆永伟,2019.纳米早强剂研究及其在深水低温固井水泥浆中的应用[J].化学工程师,33(11):61-65.

陆忠杰,周国平,2011.深水锚系泊作业技术应用初探[J].船舶设计通讯(S1):67-72.

栾恒杰,2018.沿空留巷顶板切落特性与锚固控制机制试验研究[D].青岛:山东科技大学.

罗俊丰,张伟国,廖易波,等,2015.新型抗高温聚合物/胶乳防气窜水泥浆体系在南海流花深水区块的应用[J].石油钻采工艺(1):115-118.

罗庆松,2021.沙湾水电站深厚覆盖层水下帷幕灌浆施工技术分析[J].工程与建设,35(5):1038-1040.

逄淑华,杜庆杰,张伟国,等,2023.一种新型纳米早强剂在深水低温固井中的应用[J].化工管理(5):84-87.

彭劲淞,2020.深水锚复杂力学特性与运动行为的统一分析模型及应用[D].天津:天津大学.

濮辉铭,2004.考虑施工过程的基坑锚杆支护计算机模拟研究[D].南宁:广西大学.

任刚,严国超,王朋飞,等,2020.基于整体锚固理论的多裂隙顶板注浆加固机理[J].矿业研究与开发,40(8):111-115.

沈俊,顾金才,2012.拉力型和压力型自由式锚索现场拉拔试验研究[J].岩石力学与工程学报,31(Z1):3291-3297.

盛志刚,张炜,刘海笑,2009.深水系泊新型拖曳锚研发关键技术[J].海洋工程,27(2):1-7.

石明生,夏洋洋,李逢源,等,2022.深水大坝混凝土裂缝高聚物注浆修复试验研究[J].人民黄河,44(9):135-139.

史彧,李兴华,赵瑞欣,等,2022.顺层岩质边坡锚索锚固参数与优化设计分析[J].公路,67(10):1-8.

宋广宁,陈元虎,魏秀乾,等,2013.高压水射流破岩机理的研究[J].内蒙古石油化工,39(5):5-8.

宋雪飞,2005.正交试验设计方法在黏土水泥浆配方试验中的应用[J].建井技术,26(5):27-29.

苏建,2014.水力喷射定向深穿透压裂技术研究与应用[J].石油化工高等学校报,27(2):55-58.

孙海英,2019.煤矿锚索锚固力检测装置的研制及应用[J].煤炭科技,40(1):65-66.

孙辉,2014.矿用锚索周边剪应力分布规律及新型高强锚索束研发[D].徐州:中国矿业大学.

孙世国,贾欣欣,肖剑,2022.岩土预应力锚固技术研究现状及发展趋势分析[J].煤矿安全,53(3):213-220.

谭日升,1993.混凝土建筑物湿面和水下修补[J].人民长江,24(2):29-32.

谭日升,1994.湿面黏接理论[J].中国胶粘剂,3(5):27-30.

唐树名,罗斌等,2010.基于孔底预埋反射装置的锚索质量检测与安全监测技术[J].岩土锚固工程(3):15-18.

王柏林,2021.锚索无损检测技术特点分析及模型试验研究[J].人民长江,52(S2):207-215.

王红峡,王佳宁,王经五,2003.试论预应力锚固技术在我国水利水电工程中的应用与发展[J].华北航天工业学院学报,13(1):29-32.

王丽峰,2020.基于声波反射法的锚杆无损检测技术在水利工程中的应用[J].广东水利水电(4):20-22.

王龙,吴佳容,彭志刚,等,2023.天然气水合物层固井用相变微胶囊的制备及应用[J].合成化学,31(7):519-526.

王敏生,黄辉,2013.海底钻机及其研究进展[J].石油机械,41(5):105-110.

王少华,2022.三板溪水电站低温水治理工程深水条件下锚固施工技术研究[D].长沙:中南大学.

王晓琳,2015.边坡预应力锚索索力检测方法比较研究[J].科技创新导报(24):100-101.

主要参考文献

王笑,2021.黄河上游梯级水电站群间高坝水库的水温分异特征研究[D].西安:西安理工大学.

王新线,袁庚林,谢英道,等,1996.深水取水塔施工中的注浆新技术[J].中国建筑防水(3):30-34.

王扬圣,曹广越,2015.锚杆无损检测对比试验研究[J].水利技术监督,23(4):5-8.

王玉兰,2018.干旱区夯土城墙遗址结构稳定性评价理论研究[D].西安:西安建筑科技大学.

王政松,2022.深水区无覆盖层钢栈桥基础锚固方式对比分析[J].铁道建筑技术(1):76-81.

韦力源,2009.岩土锚固技术的发展和展望[J].企业科技与发展(16):89-91.

乌效鸣,胡郁乐,杨倩云,等,2022.钻孔水力采矿研究方法的探讨[J].探矿工程(6):24-26.

吴金仓,1990.深水中的锚杆施工[J].水利水电技术(10):12-13.

吴克凡,2023.多循环张拉试验在预应力锚索检测中的应用[J].珠江水运(20):82-84.

吴莉莉,王惠民,吴时强,2007.水库的水温分层及其改善措施[J].水电站设计,23(3):97-100.

吴尚杰,高晓鸣,蒋宇静,2014.岩质边坡锚固技术的研究现状与展望[J].路基工程(4):1-6.

吴玉财,张国炳,李芬,2006.预应力锚索拉拔力检测技术研究[J].交通科技(5):36-59.

冼田生,2020.水利水电工程建筑的施工技术及管理研究[J].长江技术经济,4(S1):10-11.

谢小荣,2009.水上钻探的若干技术问题[J].广州建筑,37(5):42-44.

徐祯祥,2009.岩土锚固工程技术发展之回顾与展望[J].市政技术,27(2):136-140.

薛联芳,孙平玉,冯云海,等,2016.隔水幕墙在水电站低温水治理中的应用[J].环境影响评价,38(6):53-55.

闫英明,徐祯祥,苏自约,2004.岩土锚固技术手册[M].北京:人民交通出版社.

杨国坤,蒋国盛,刘天乐,等,2021.控温自修复微胶囊的制备及在水合物地层固井水泥浆中的应用[J].材料导报,35(2):32-38.

杨为民,2009.锚杆对断续节理岩体的加固作用机理及应用研究[D].济南:山东大学.

叶邦全,2012.海洋工程用锚类型及其发展综述[J].船舶与海洋工程(3):1-7.

易梅辉,高文华,向德强,等,2020.基于流变理论的压力型锚杆锚固段荷载传递机理研究[J].应用力学学报,37(4):1556-1563.

阴妍,鲍久圣,段雄,2007.磨料水射流切割工艺参数的实验研究[J].机械设计与制造(4):107-109.

尤春安,战玉宝,2005.预应力锚索锚固段的应力分布规律及分析[J].岩石力学与工程学报,24(6):925-928.

曾辉辉,王立伟,朱本珍,等,2011.应力波法在黏结型锚索质量检测中的应用研究[J].铁道建筑(6):96-98.

曾雪玲,刘欢,曾勇,等,2022.改性纳米水化硅酸钙的制备及在深水固井水泥中的应用[J].水泥(8):1-8.

曾镇强,谈一评,2012.岩土锚固技术的发展与存在的问题[J].广东建材,28(4):99-101.

张发山,曹文旭,张达,2021.深水工程地质勘察技术现状及展望[J].建筑技术开发,48(12):128-129.

张汉泉,陈奇,万步炎,等,2016.海底钻机的国内外研究现状与发展趋势[J].湖南科技大学学报(自然科学版),31(1):1-7.

张敏峰,2018.深水钻井技术现状及发展趋势分析[J].中国石油和化工标准与质量,38(3):138-139.

张叔恩,2022.高速公路路基高边坡锚固防护施工技术要点探究[J].工程建设与设计(15):213-215.

张曦君,王超杰,田晗,等,2021.深水大坝裂缝修复型聚氨酯注浆材料的性能研究[J].中国建筑防水(3):47-51+61.

张翔,2020.岩土工程施工中锚固技术要点分析[J].智能城市,6(21):139-140.

张扬强,2011.水利水电工程高边坡的加固与治理[J].黑龙江科技信息(32):288.

赵大军,1999.水下灌浆锚杆施工技术[J].西部探矿工程(4):33-35.

赵红兵,2022.岩土锚固技术在岩土工程边坡治理中的施工要点[J].四川水泥(7):193-195.

赵文成,2013.锚索锚固质量无损检测的初步研究[D].太原:太原理工大学

赵自静,2017.山区深水陡峭坚硬裸岩地质栈桥锚固桩施工技术[J].安徽建筑,24(2):146-148.

郑长斌,张炼红,2016.常规工程勘察水上钻探实用安全技术[J].西部探矿工程,28(4):64-66.

中国工程建设标准化协会,2005.岩土锚杆(索)技术规程:CECS 22∶2005[S].北京:中国计划出版社.

中华人民共和国住房和城乡建设部,2009.锚杆锚固质量无损检测技术规程:JGJ/T 182—2009[S].北京:中国建筑工业出版社.

中华人民共和国住房和城乡建设部,2017.锚杆检测与监测技术规程:JGJ/T 401—2017[S].北京:中国建筑工业出版社.

中华人民共和国住房和城乡建设部,中华人民共和国国家质量监督检验疫总局,2015.岩土锚杆与喷射混凝土支护工程技术规范:GB 50086—2015[S].北京:中国计划出版社.

周桂,罗小玲,1989.高压水射流技术的应用和发展[J].新技术新工艺(6):20-22.

周杨锐,吴秋云,董明明,等,2017.深水工程勘察技术研究现状与展望[J].中国海上油气,29(6):158-166.

BENGT S,2016. Experimental investigation of steel cables for rock reinforcement in hard rock[D]. Norrbotten:Luleå University of Technology.

CAO L,GUO J,TIAN J,et al.,2018. Synthesis, characterization and working mechanism of a novel sustained-release-type fluid loss additive for seawater cement slurry

[J]. Journal of colloid and interface science,524:434-444.

HIDIROǦLU A,2017. Evaluation of limestone incorporated cement compositions for cementing gas hydrate zones in deepwater environments[D]. Ankara:Middle East Technical University.

HU Y,KANG Y,WANG X C,et al.,2014. Mechanism and experimental investigation of ultra high pressure water jet on rubber cutting[J]. International Journal of Precision Engineering and Manufacturing,15(9):1973-1978.

HYETT A J,BAWDEN W F,REICHERT R D,1992. The effect of rock mass confinement on the bond strength of fully grouted cable bolts[J]. International Journal of Rock Mechanics & Mining Sciences & Geomechanics Abstracts,29(5):503-524.

KELLEHER P J,SAMSURI N,CARTER J,2008. Footings design for temporarily founded seabed drilling systems[C]. Proceedings of the Annual Offshore Technology Conference,3109-3120.

KRONGAUZ V V,SCHMID S R,VANDEBERG J T,1995. Imaging in evaluation of polymer coatings adhesion to glass at high humidity[J]. Progress in Organic Coatings,26(2-4):145-162.

MURRAY R E,2010. Deep water automated coring system (DWACS)[C]//OCEANS 2010 MTSI IEEE SEATTLE,1-4.

OSTERMEIER R M,PELLETIER J H,WINKER C D,et al.,2002. Dealing with shallow-water flow in the deepwater Gulf of Mexico[J]. The Leading Edge,21(7):660-668.

PANG X,BOUL P J,JIMENEZ W C,2014. Nanosilicas as accelerators in oilwell cementing at low temperatures[J]. SPE Drilling & Completion,29(1):98-105.

REID D,WELLS L,OGG J,2008. Top drives have transformed drilling; now, new design aims to push ultra-deep,ERD applications[J]. Drilling Contractor,64(5):24-31.

SVEN P,PETER M H,THOMAS K,2005. Shallow drilling of seafloor hydrothermal systems using the BGS rockdrill: Conical seamount (New Ireland Fore-arc) and PACMANUS (Eastern Manus Basin), Papua New Guinea[J]. Marine Georesources & Geotechnology,23(3):175-193.

TIAN L,BU Y,LIU H,et al.,2022. Study on the penetration of strengthening material for deep-water weakly consolidated shallow formation[J]. Journal of Petroleum Science and Engineering,210:109862.

TIM F,GEROLD W,2007. Scientific drilling with the sea floor drill Rig MeBo[J]. Scientific Drilling,5:63-66.

WANG C,WANG R,LI H,et al.,2011. Design and performance evaluation of a unique deepwater cement slurry[J]. SPE Drilling & Completion,26(2):220-226.

WANG D,YAO X,YANG T,et al.,2021. Controlling the early-age hydration heat release of cement paste for deep-water oil well cementing: A new composite designing approach[J]. Construction and Building Materials,285:122949.

WANG J Y,ZHAO Y C,YAO B H,et al.,2010. Filtering detecting signal of rockbolt with harmonic wavelet[J]. Mining Science and Technology,20(3):411-414.

WANG J,GAO S,ZHANG C,et al.,2022. Preparation and performance of water-active polyurethane grouting material in engineering:A review[J]. Polymers,14(23):5099.